JUNSHI BAIKE DIANCANG SHUXI
军事百科典藏书系
经典版

军情视点 编

U0367860

单兵装备

大百科

第二版

化学工业出版社

·北京·

本书介绍了各国常规部队以及特种部队的大量武器装备，其中包括枪械、爆破武器，以及服饰、通信和监视装备等，希望能给读者构建一个兼具深度和广度的单兵武器装备世界大观。本书对各种单兵武器装备进行了简明扼要的阐述，同时配有大量直观、精美的图片，力求图文并茂，使读者能够结合真实的战地环境来理解这些单兵武器的历史、性能、特点和优长。

本书不仅是一本军事科普图书，更是一册单兵武器装备大百科，适合军事爱好者阅读并收藏，对广大喜欢军事的青少年亦有裨益。

图书在版编目（CIP）数据

单兵装备大百科 / 军情视点编. —2版. —北京：化学工业出
版社，2017.6（2024.1重印）
（军事百科典藏书系）
ISBN 978-7-122-29602-3

Ⅰ．①单… Ⅱ．①军… Ⅲ.①单兵-武器装备-世界-普及读物
Ⅳ．①E92-49

中国版本图书馆CIP数据核字（2017）第096197号

责任编辑：徐　娟　　　　　　　　　　　装帧设计：卢琴辉
　　　　　　　　　　　　　　　　　　　　封面设计：刘丽华

出版发行：化学工业出版社（北京市东城区青年湖南街13号　邮政编码100011）
印　　装：中煤（北京）印务有限公司
710mm×1000mm　1/12　印张18　字数330千字　2024年1月北京第2版第10次印刷

购书咨询：010-64518888　　　　　　　　售后服务：010-64518899
网　　址：http://www.cip.com.cn
凡购买本书，如有缺损质量问题，本社销售中心负责调换。

定　　价：69.80元

前言

单兵武器可以说是战场上士兵的必需装备。为此，在第一次世界大战中，参战各国积极开发各种半自动手枪、冲锋枪、半自动步枪、狙击步枪及机枪等，它们在战争中发挥了重要作用。期间也出现了许多经典枪械，如苏联莫辛－纳甘步枪、德国 Kar98k 步枪、美国 M1 "加兰德" 步枪等。及至第二次世界大战，各种枪械日益完善，还出现了新的枪种，如 1944 年出现在战场上的德国 StG44 突击步枪，这是世界上第一种突击步枪，对世界各国枪械的研制产生了重大影响。此外，战地中一些稀奇古怪的小装备也是必不可少的，例如诞生于第二次世界大战的 ZIPPO 打火机，虽然只是不显眼的东西，但对于身处恶劣环境的士兵来说，任何可用之物都显得异常重要。

战争形势和武器可以说是相互影响的，战争能催生出新式武器，而武器也改变着战争形势。但这两种都在改变的时候，就诞生了一个新的兵种——特种部队。它最早诞生于第二次世界大战中的英国，名为 "哥曼德"。1972 年，德国发生慕尼黑事件后，各国开始进一步重视特种部队。自此，特种部队不仅活跃于各大战场，也在城市、沿海等恐怖分子出没的地方战斗。特种部队之所以能够胜任这些特殊的反恐任务，除了他们的人员训练有素之外，还有一点也非常重要，那就是武器装备。

说到这里，可以肯定的是，单兵武器装备是士兵能战斗且取得胜利的根本。那么，到底单兵武器装备是什么？又有哪些呢？相信不少军事爱好者都很关切。本书第一版于 2015 年推出，其中对第二次世界大战以来世界各国单兵所使用的各种武器进行了详细地介绍，包括枪械、爆破武器、冷兵器以及其他单兵装备。由于内容全面、图文并茂、印刷精美，该书在市场上产生了一定的积极影响。不过，由于军事知识更新较快，在近两年里出现了不少新式武器，而一些现役的武器也在不断发生变化。针对这种情况，我们决定在第一版的基础上，虚心接受读者提出的意见与建议，推出内容更新更全、图片更多更精美的第二版。

与第一版相比，第二版不仅删除了部分过于老旧的单兵武器，还新增了不少新近研制的武器，更加便于读者了解最新单兵武器。除此之外，我们还对第一版的图片进行了完善，替换了一些质量不佳的图片，进一步增强了图书的观赏性和收藏性。

本书的相关数据资料来源于美国国家档案馆、美国国防后勤局等已公开的军事文档，以及《简氏防务周刊》《军事技术》杂志等国外知名军事媒体的相关资料，关于各种单兵武器装备的相关参数还参考了制造商官方网站的公开数据。我们将有关各种单兵武器装备的来历、发展和参数等内容客观地记录下来，让读者可以全方位地了解它们。本书不仅是一本军事科普图书，更是一册单兵武器装备大百科。

参加本书编写的有丁念阳、杨淼淼、黎勇、王安红、邹鲜、李庆、王楷、黄萍、蓝兵、吴璐、阳晓瑜、余凑巧、余快、任梅、樊凡、卢强、席国忠、席学琼、程小凤、许洪斌、刘健、王勇、黎绍美、刘冬梅、彭光华、邓清梅、何大军、蒋敏、雷洪利、李明连、汪顺敏、夏方平等。在编写过程中，我们在内容上进行了去伪存真的辨别，让内容更加符合客观事实，同时全书内容经过多位军事专家严格的筛选和审校，力求尽可能准确与客观，便于读者阅读参考。

由于时间仓促，加之军事资料来源的局限性，书中难免存在疏漏之处，敬请广大读者批评指正。

编　者
2017 年 2 月

目录 CONTENTS

第1章 以一敌百——单兵武器装备漫谈

现今，单兵作战显得尤为重要，因为它除了人员精干、机动快速、训练有素、战斗力强等之外，还有一个较为重要的元素那就是武器装备精良，这些武器装备可以让士兵杀伤、制服敌人和保护自己。因此，每个国家都很重视单兵的武器装备，发展先进的个人防护装备对人的生命安全有着重要的意义。

1.1 身临战地——走近单兵

1.1.1 单兵武器装备的定义

单兵武器装备，顾名思义就是单个步兵就能使用的武器装备（这里的使用包含运载、瞄准和开火三个方面）。这些武器装备包括：枪械（手枪、冲锋枪、突击枪和狙击步枪等），冷兵器（匕、刀和斧等），爆破武器（包括手榴弹、火箭筒和塑胶炸弹等），以及降落伞、服饰等。值得一提的是，在枪械方面，尤其是突击步枪，目前已经形成了几个大家族，包括苏联/俄罗斯AK系列、美国M16系列、比利时FN系列以及德国HK系列。此外，还有不少其他优秀的突击步枪，例如法国的FAMAS等。

比利时陆军特种部队旅的队员手持FN SCAR H自动步枪

手持不同枪械的美军士兵

使用FN突击步枪的士兵

由于是单兵使用的武器，所以对武器的重量有着严格的把关，目前，大部分单兵轻武器都大量采用聚合物材料。此外，为增强单兵应变能力，现代武器还采用模块化设计，例如美国斯通纳63轻机枪的枪管可快速更换，能在轻机枪与步枪之间转换。

如今，单兵装备已涵盖个人防护、生存保障、武器装备、夜视装备四大方面。以一个陆军步枪手为例，除了单兵武器外，他一般身着防核生化的三防衣、手套、面具，还有标准配置的防弹背心，单兵用的望远镜/瞄准镜、夜视仪及电池等，甚至还有备用的内衣内裤。细数下来一个士兵背的挂的各种装备品种不下百个，用"武装到牙齿"形容都不足为过。

使用HK416突击步枪的士兵

穿戴装备中的士兵

全副武装的士兵

1.1.2 单兵武器的发展趋势

● **系统化：**即将士兵身上的武器形成一个系统，能与士兵融为一体，加入电子化设备为士兵导航、自动控制、自动适应士兵使用习惯等。

● **简单化：**即令武器结构尽量简单，可减少故障率，使用、维修也方便。

● **电子化：**运用电子化设施，可以令武器在射击等方面更加自动化。

● **非接触：**即武器能尽可能远程攻击敌方，以减少己方伤亡。

● **近距离：**主要针对巷战等近距离作战，武器需要灵巧、精确。

1.1.3 单兵武器的性能指标

（1）口径

口径是指枪管的内径，为便于说明，这里以枪械为例。常用的枪械口径有 5.56 毫米、5.45 毫米、7.62 毫米、9 毫米、12.7 毫米等。除了毫米之外，西方国家也常用英寸来表示，例如 0.5 英寸，即 12.7 毫米。英寸的英文单位是 in。英文中以英寸表示枪械口径时，常会将前面的 0 和英寸省略。例如 0.30 英寸，写作 .30 口径，读作点三零口径。

（2）射程

射程是指子弹或炮弹从发射点到水平落点的水平距离，射程还分为有效射程和最大射程。有效射程也叫有效射击距离，是指武器对目标射击时，能达到预期的精度和威力要求的距离。最大射程是指子弹在发射后所能飞行的最大距离，枪械的最大射程远远超过其有效射程。例如 AK-47 突击步枪，虽然其有效射程为 400 米，但是弹头在飞行 1600 米后依然有一定的杀伤力，最大飞行距离可达 2000 米以上。

M82 狙击步枪（**最大口径可达 25 毫米，.99 口径**）

美国海军陆战队特别反应小组

（3）射速

射速是武器（包括各类枪械、火箭筒、榴弹发射器等）在单位时间内发射的弹丸数量，射速通常以rpm 表示，中文通常用"发 / 分"来表示。射速分理论射速和战斗射速两类。理论射速是指在理论上武器每分钟发射的弹丸数量，这里的理论是指完全理想的状态下，忽略了更换弹匣、更换枪管等各方面的因素。战斗射速是指武器在实际战斗中的射速。由于更换弹匣、更换枪管、更换目标以及瞄准等诸多原因都会影响到射击速度，所以战斗射速要比理论射速慢不少。美国M134 重机枪，采用 6 枪管设计，其理论射速可达 6000 发 / 分。

（4）重量

重量是武器（包括各类枪械、火箭筒、榴弹发射器等）的重要技术标准之一，它直接影响到士兵的作战能力。如果武器的重量过大，不但会过度消耗士兵的体力，影响机动能力，而且还会影响士兵手持射击时的精准性。

士兵发射枪弹瞬间

1.2 非同寻常——特战武器装备

1.2.1 特战武器装备的特点

（1）功能全面

特种部队在作战时，会遇到各种各样的地形、天气以及对象，使用功能单一的武器装备，不仅会增加特种部队人员的负重，也会因此丢失最佳猎杀机会或是延长任务的完成时间。而武器装备的多功能性则会大大提高特种部队的作战效率。

（2）火力强大

武器火力强大不仅可以压制敌人，也可以平稳士兵胆怯的心。对执行特别任务的特种部队来说，强大火力的武器更是他们的制胜法宝。

（3）可靠性高

武器装备的可靠性是指：武器装备在规定的使用条件下和规定的时间内，完成规定功能的能力。从应用角度可分为固有可靠性和使用可靠性，前者反映的是设计和制造中的可靠性水平，后者反映的是在规定使用条件下使用的可靠性。我们所说的武器装备可靠性通常指的是后者，它直接与战备完好性、任务成功、维修人力、保障资源等因素相关联。

（4）隐蔽性强

如何做到既能攻击敌人，还能不易被发现呢？这就涉及武器装备的隐蔽性，尤其是特种部队，他们所执行的任务有着秘密、危险等特

参与丛林作战的特种部队

手持突击步枪的特种兵

性，所以隐蔽性对他们来说是重中之重。例如狙击手身着被称为"垃圾装"的吉利服，它由麻袋做成的绳、条编织而成，这些布条有三个作用：分割人体轮廓、模拟自然植物、为伪装服提供三维外观。狙击手使用的狙击枪也加上了消焰器，可以消除开枪时枪口喷出的火焰，如果没有这个消焰器，很可能刚打完一枪就被敌方发现。对特种部队而言，隐蔽性还能增加他们任务的成功率，可以做到出奇制胜，隐蔽性不强就可能是"伤敌一千，自损八百"。

与大自然浑然一体的狙击手

1.2.2 特战武器装备的类型

（1）主战武器

特种部队的主战武器包括冲锋枪、机枪和步枪，这些枪械能适应各种作战环境，包括水下。冲锋枪和机枪主要是为特种部队提供强大的火力支援，相对这两者来说，步枪在火力上无法与之匹敌，但是它有一个最重要的特性，那就是射击精准度高。这三种主战武器的配合，使得特种部队能够快、狠、准地对目标进行打击。

（2）自卫武器

特种兵作战时突发情况非常多（例如换弹匣时敌人已经冲到面前了），为应对发生突发情况，特种兵们除了冲锋枪、机枪和步枪主战武器之外，往往还要携带自卫武器以备不时之需。自卫武器主要包括手枪和各种军刀，由于特种作战的特殊性，这些武器大多具有小巧便携、利于隐蔽、用途广泛和可靠耐用等特点。

携带作战装备的特种士兵

特种部队配发军刀

以上只是对单兵武器的概述，对于其他装备（如帽子、手套等），每个士兵有着不同的喜好（当然制式装备除外）。单兵装备种类繁多，性能也大相径庭，不过可以肯定的是，

这些单兵装备不仅要有较高的安全系数，还需要有非常高的佩戴舒适度。至于这些装备到底有哪些种类和特点，本书后文将详细阐述。

第2章 夺命弹丸——枪械

不论是火力猛、体积大的机枪，还是小威力、小身板的手枪，无一不是步兵在战场上的杀敌利器，在战场上都起着举足轻重的作用。从这一角度上来说，不仅仅步枪是士兵的"第二生命"，任何枪械都是在保障士兵的生命。本章筛选了来自世界各国的单兵作战武器，包括手枪、冲锋枪、突击步枪、狙击步枪等，以此来展现不同枪械在战场上起到的作用。

2.1 手枪

美国 M1911 手枪

M1911 手枪是美国柯尔特（Colt）公司生产的一款半自动手枪，于 1911 年 3 月 29 日正式成为美国陆军的制式手枪，随后也被美国海军和美国海军陆战队选为制式手枪。该枪曾是美军战场上最常见的武器之一，经历了第一次世界大战（以下简称一战）、第二次世界大战（以下简称二战）、越南战争以及海湾战争。

M1911 手枪性能优秀，其 11.43 毫米的大口径能够确保在有效射程内快速让敌人失去战斗能力，而且该手枪的故障率很低，不会在一些关键时刻"掉链子"，这两点对战斗手枪来说非常关键。此外，该手枪结构简单，零件数量较少，而且比较容易拆解，方便维护和保养。当然，M1911 手枪也有一些缺点，比如弹夹容量为 7 发，包括枪膛内的 1 发子弹，一共 8 发，而且体积和重量稍大，后坐力也偏大。

基本参数	
口径：	11.43 毫米
全长：	210 毫米
枪管长：	127 毫米
空枪重量：	1105 克
有效射程：	50 米
枪口初速：	251.46 米/秒
弹容量：	8 发

【战地花絮】

1907 年，美军正式招标 11.43 毫米口径手枪，之后柯尔特公司和萨维奇（Savage）公司参与竞争。在 1910 年末的 6000 发子弹射击试验中，柯尔特公司的样枪射完子弹没有出现任何问题，而萨维奇公司的样枪则出现 37 次故障，最后自然是柯尔特公司胜出。

M1911 手枪示意图

M1911 手枪与弹壳

M1911 手枪与弹匣、子弹

美军士兵使用 M1911 手枪射击

美国 / 意大利 M9 手枪

M9 手枪的原产单位是意大利伯莱塔（Beretta）公司，是一款半自动手枪，于1990年开始进入美军服役，主要装备美国陆军、空军和海军陆战队等军种。由于性能优秀，M9 手枪还被美国几支特种部队所采用。

在保险装置上，M9 手枪不再是过去的按钮式，而是变成了摇摆杆；较其他武器而言，它的扳机护圈有所增大，即便是戴上手套扳动扳机也非常顺手。该枪维修性好、故障率低，据试验：该枪在风沙、尘土、泥浆及水中等恶劣战斗条件下适应性强，枪管的使用寿命高达10000发。该枪在战斗中损坏，较大故障的修理时间不超过半小时，小故障不超过10分钟。

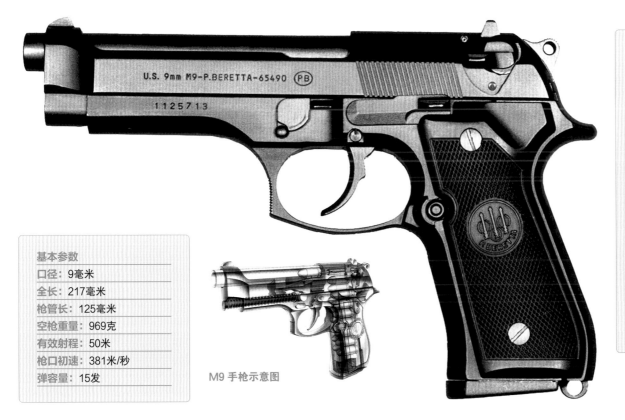

基本参数	
口径：9毫米	
全长：217毫米	
枪管长：125毫米	
空枪重量：969克	
有效射程：50米	
枪口初速：381米/秒	
弹容量：15发	

M9 手枪示意图

【战地花絮】

2003 年，美国军方推出了 M9 手枪的改进型，名为 M9A1，主要加入了皮卡汀尼导轨以对应战术灯、激光指示器（激光笔）及其他附件。此外，还配发物理气相沉积（PVD）胶面弹匣来提高可靠性，以便在阿富汗和伊拉克等地的沙漠地区顺利运作。

空仓挂机状态下的 M9 手枪

M9 手枪后侧方特写

士兵正在使用 M9 手枪

美军士兵使用 M9 手枪进行射击训练

美国 MEU（SOC）手枪

MEU（SOC）手枪是由美国步枪分队装备工场（Rifle Team Equipment Shop）以 M1911 手枪改装而来的。改装工作始于 1986 年，由于没有正式定型，所以改装好的 M1911 手枪一律称为 MEU（SOC）手枪或 MEU 手枪。

早期 MEU（SOC）手枪的套筒在前端没有防滑纹，为了便于射手轻推套筒来确认膛内是否有弹，新的套筒在前面增加了防滑纹。该枪安装了一个纤维材料的后坐缓冲器，缓冲器可以降低后坐感，在速射时尤其有利。缓冲器本身不太耐用，因为它里面是一些小碎片，这些小碎片容易积累在手枪里导致故障。大多数陆战队员认为这没多大问题，因为在陆战队里面所有的武器都能得到定时和充分的维护，但是这个装置还是一直受到争议。

【战地花絮】

美国海军陆战队的队员在 1983 年入侵格林纳达、1989 年入侵巴拿马、1992 年索马里战争、2001 年的阿富汗战争、2003 年的伊拉克战争中都曾使用 MEU（SOC）手枪。

在美军服役的 MEU（SOC）手枪

MEU（SOC）手枪示意图

黑色涂装的 MEU（SOC）手枪

美军士兵使用 MEU（SOC）手枪

基本参数

口径：	11.43 毫米
全长：	209.55 毫米
枪管长：	127 毫米
空枪重量：	1105 克
有效射程：	70 米
枪口初速：	244 米/秒
弹容量：	7 发

美国 M45A1 手枪

2010 年，柯尔特公司以 M1911 手枪为蓝本，设计了一款全新手枪——柯尔特磁道炮手枪。柯尔特公司将该枪交予海军陆战队进行测试，经测试后，该枪的各项性能符合他们的要求，于是便采用了该枪，并命名为 M45A1 手枪。

M45A1 手枪是一把全尺寸型号的 M1911 手枪，装有一根 127 毫米锻压不锈钢国家比赛等级枪管。底把和套筒都用锻压钢制造。M45A1 采用单一的全尺寸型复进簧导杆，以及串联式复进簧组件，因此需要在套筒的前面留下多条锯齿状突起的防滑纹以加强其在强大压力下的抗变形力。M45A1 还设有上翘河狸尾状棕榈型隆起底部式握把式保险、柯尔特战术型延长双手拇指通用手动保险、诺瓦克低接口进位型氚光圆点夜间机械瞄具、增强型中空指挥官型风格击锤、3 孔式锯齿形表面铝制扳机（军警用型则为无孔式铝制扳机）、调低和扩口式抛壳口。

士兵正在使用 M45A1 手枪进行射击训练

黑色涂装的 M45A1 手枪

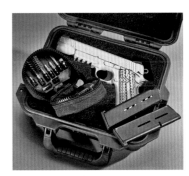

M45A1 手枪套装

射击中的 M45A1 手枪

基本参数	
口径：	11.43毫米
全长：	215.9毫米
枪管长：	127毫米
空枪重量：	1034.76克
有效射程：	50米
枪口初速：	310米/秒
弹容量：	7/8发

【战地花絮】

最开始美国海军陆战队打算购买春田兵工厂的专业型号手枪替代 MEU（SOC）手枪，但最终还是与柯尔特公司签订了一份为期 5 年的买卖合约购买 M45A1 手枪，总价值约 2250 万美元。

美国柯尔特"蟒蛇"手枪

柯尔特公司在设计"蟒蛇"（Python）手枪时，最初的想法是准备把该枪设计为一种加强型底把的 9.65 毫米口径特种单／双动击发的比赛级左轮手枪，结果由于偶然的决定，最后造就了一支以精度和威力著称的 9 毫米口径经典转轮手枪。

最初的"蟒蛇"手枪有皇家蓝色和镀光亮镍两种颜色，之后又推出了不锈钢和皇家蓝色。"蟒蛇"手枪的扳机在完全扳上时，弹巢会闭锁以便于撞击子弹底火，在弹巢和击锤之间相差的距离较短，使扣下扳机和发射之间的距离缩短，以提高射击精度和速度。

【战地花絮】

"蟒蛇"手枪是柯尔特公司在诞生 150 周年时推出的，具有精确的战斗型机械瞄具和顺畅的扳机。

"蟒蛇"手枪及子弹

"蟒蛇"手枪及其配件

"蟒蛇"手枪左侧方视角

"蟒蛇"手枪右侧方视角

基本参数		
口径：9毫米	全长：217毫米
枪管长：125毫米	空枪重量：952克
有效射程：50米	枪口初速：353.56米/秒
弹容量：6发	

美国鲁格 P85 手枪

P85 手枪是美国鲁格公司于 1987 年研制的，是一种可以双动击发的自动手枪。采用的是勃朗宁式枪管短后坐式工作原理，并在手枪两侧都安装有手动保险机柄。在保险状态下击针、击锤会被锁住，从而无法发射子弹，只有在解除保险后才能击发，该枪可以采用双动击发，并带有一个较大的扳机护圈，能够适应射手戴着手套操作或者双手操作。

P85 全枪只有 56 个零件，而且没有复杂的零件，分解结合十分方便。它的瞄准具设计独特，准星为刀形，靠两个横销固定在套筒上，方形缺口照门与套筒滑动过盈配合，如遇风偏影响，照门可做横向移动进行修正，射手可快速发现目标，并获得正确的瞄准图像。P85 的耐用性也极好，该枪的套筒与不锈钢枪管牢固地结合在一起，然后两者一起后坐，后坐一段距离后，枪管从其锁定位置开始向下浮动，而套筒继续后坐并完成抽壳和抛壳过程。

警务人员使用 P85 手枪进行射击训练

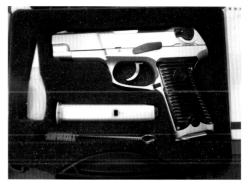

P85 手枪套装

P85 手枪及弹匣

黑色涂装的 P85 手枪

基本参数	
口径：	9毫米
全长：	198毫米
枪管长：	114毫米
空枪重量：	907克
有效射程：	50米
枪口初速：	287米/秒
弹容量：	15发

德国 Mk 23 Mod 0 手枪

Mk 23 Mod 0 手枪是由德国黑克勒－科赫公司（Heckler & Koch 公司，后文统称 HK 公司）于 1991 年设计生产的一款半自动手枪。测试中，Mk 23 Mod 0 手枪在恶劣环境下不仅有着特别优秀的耐久性、防水性和耐腐蚀性，而且可以发射数万发子弹，枪管不会损坏或需要更换，完全符合特种部队作战的要求，于是在 1996 年被美国特种作战司令部采用。

尽管 Mk 23 Mod 0 手枪早已配发到特种部队中，但作战人员对这种"进攻型"手枪并不太感兴趣，这主要是因为它的尺寸偏大，单手射击不方便。另外，整个 Mk 23 Mod 0 手枪系统太贵，不可能装备到每一位战斗人员，因此很多特种部队也采用了其他型号的手枪。不过 Mk 23 Mod 0 手枪有一点当仁不让的特性，就是良好的射击精准度。

基本参数

口径：	11.43毫米
全长：	421毫米
枪管长：	149毫米
空枪重量：	1210克
有效射程：	20～50米
枪口初速：	260米/秒
弹容量：	12发

Mk 23 Mod 0 手枪示意图

安装了消声器的 HK USP 手枪（上）与 Mk 23 Mod 0 手枪（下）

Mk 23 Mod 0 手枪及其配件

Mk 23 Mod 0 手枪与各种战术用具

德国 HK USP 手枪

USP 手枪（USP 为 Universal Self-loading Pistol 的缩写，意为：通用自动装填手枪）是 HK 公司设计生产的一款半自动手枪，1993 年投入生产，被世界多个国家的军队和警察采为制式武器。该枪的一个与众不同之处是，可以根据使用者的需求，选用不同型式的扳机机构。

USP 手枪的撞针保险和击锤保险为模块式，且扳机组带有多种功能，能依射手的习惯进行选择。9 毫米型号的载弹量为 15 发，10 毫米和 11.43 毫米型为 13 发和 12 发，相较其他手枪有载弹量大的特点。该手枪的结构合理，动作可靠，经过双重复进簧装置抵消后坐力，其快速射击时的精度也大大提高，而且还可加装多种战术组件，大大增强了在特殊环境下的作战性能。

基本参数	
口径：	9/10/11.43毫米
全长：	194毫米
枪管长：	105毫米
空枪重量：	748克
有效射程：	50米
枪口初速：	285米/秒
弹容量：	12/13/15发

USP 手枪分解图

德国警察部队使用的 USP 手枪

USP 手枪及其配件

USP 手枪前侧方特写

德国 HK P2000 手枪

P2000 手枪是由 HK 公司于 2001 年设计生产的一款半自动手枪，可发射 3 种不同口径的枪弹，即 9 毫米、9.5 毫米和 10.16 毫米，其中 9 毫米口径使用最多。该枪被一些常规部队和特种部队采用，其中包括日本陆上自卫队特种部队特别行动组。

与 HK 公司最近其他手枪一样，P2000 手枪采用模组化设计，以适应不同使用者的需要。其套筒下方、扳机护圈前方的防尘盖整合了一条通用配件导轨，以安装各种战术灯、激光瞄准器和其他战术配件。安装好后的配件十分稳固，无须使用其他辅助工具。但 P2000 使用的是 HK 公司手枪专有的配件导轨，所以限制了可以使用的战术配件种类。

P2000 手枪出厂套装

基本参数	
口径：	9/9.5/10.16毫米
全长：	173毫米
枪管长：	93毫米
空枪重量：	620克
有效射程：	50米
枪口初速：	355米/秒
弹容量：	10/12发

演示中的 P2000 手枪

P2000 手枪后侧方特写

P2000 手枪与弹药

德国 HK45 手枪

HK45 手枪是由 HK 公司于 2006 年设计、2007 年开始生产的一款半自动手枪，有紧凑型、战术型和紧凑战术型等多种型号，被澳大利亚战术应变小组、美国海军特种作战研究大队等多支特警和特种部队采用。

HK45 手枪基本上是 USP 手枪和 P2000 手枪的经验合并，并借用了一些 P30 手枪的改进要素，所以具有以上手枪的许多内部和外部特征。它最明显的外表变化是略向前倾斜的套筒前端，在扳机护圈前方有皮卡汀尼导轨，握把前方带有手指凹槽。HK45 有可更换的握把背板，以适应使用者手掌大小。

基本参数	
口径：	11.43毫米
全长：	191毫米
枪管长：	115毫米
空枪重量：	785克
有效射程：	80米
枪口初速：	260米/秒
弹容量：	10发

HK45 手枪特写照

安装有战术配件的 HK45 手枪

HK45 手枪与弹药

特战队员使用 HK45 手枪

德国 HK P7 手枪

P7 手枪是 HK 公司设计生产的一款半自动手枪，1979 年之后批量生产，曾被多支特种部队采用，其中包括法国国家宪兵特勤队、德国联邦警察第九国境守备队和美国陆军"三角洲"部队等。

P7 手枪与大部半自动手枪不同，它背离了传统手枪的结构设计，采用气体延迟式开闭锁机构，击发后，部分火药燃气从枪管弹膛前方的小孔进入枪管下方的气室内，当套筒开始后坐时，作用在与套筒前端相连的活塞上的火药燃气给套筒一个向前的力，这样就延迟了套筒的后坐，从而减轻了后坐振动，使工作更加平稳。这种独特的设计，使得该手枪不仅设计风格独树一帜，而且其性能更是鹤立鸡群，不仅在德国警察、军队中服役相当长的时间，至今英国特别空勤团、美国"三角洲"特种部队、美国中情局等众多著名部队、机构仍在使用。

基本参数	
口径：	9毫米
全长：	171毫米
枪管长：	105毫米
空枪重量：	785克
有效射程：	50米
枪口初速：	351米/秒
弹容量：	8发

P7 手枪分解图

装有消声器的 P7 手枪

P7 手枪示意图

德国 HK P9 手枪

P9 手枪是 HK 公司于 1969 ~ 1978 年生产的半自动手枪，期间共产了 485 把。尽管目前 HK 公司已停止生产 P9 手枪，但至今仍有一些国家使用这种手枪，如希腊（命名为 EP9S）。

P9 手枪的下枪身从前端到扳机护弓、握把前端的位置采用的是高分子聚合物，它可说是历史上首支在握把片以外的枪身结构上采用塑胶材料的手枪。该枪采用内置式击锤，插入实弹匣，压下挂机柄，然后拉套筒到位再放回，均可使击锤待发。套筒后端有弹膛存弹指示杆，此外，膛内有弹时拉壳钩也翘起表示膛内有弹。

基本参数	
口径：	9毫米
全长：	192毫米
枪管长：	102毫米
空枪重量：	880克
有效射程：	50米
枪口初速：	350米/秒
弹容量：	9发

P9 手枪示意图

空仓挂机状态下的 P9 手枪

P9 手枪侧面

P9 手枪与其弹药

德国 HK P30 手枪

P30 手枪（原称 P3000）是 2006 年由 HK 公司设计生产的一款半自动手枪，是 P2000 的后继型号，得到德国联邦海关总署的青睐，被其选作专用武器。此外，该枪还出口到挪威、葡萄牙和瑞士等国。

相比 P2000 来说，P30 的人机功效有所提高，而且不仅能像 P2000 手枪一样更换握把背板，还可更换握把侧板。另外 P30 手枪在前方整合了皮卡汀尼附件导轨，而非 P2000 上的 USP 附件导轨。P30 有多个衍生版本，其中 P30L 是 P30 的延长的枪管和套筒版本，专为挪威警察而设计，另外，还有 P30S，它和 P30 相近，但手动保险改为可灵巧地由拇指操作。

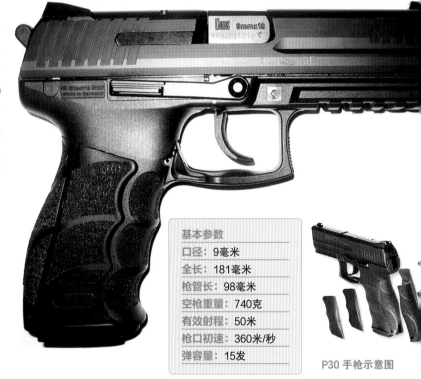

P30 手枪侧方特写

P30 手枪出厂套装

基本参数

口径	9毫米
全长	181毫米
枪管长	98毫米
空枪重量	740克
有效射程	50米
枪口初速	360米/秒
弹容量	15发

P30 手枪示意图

德国 HK MP7 手枪

MP7 手枪是由 HK 公司设计生产的一款全自动冲锋手枪，适用于室内近身作战及要员保护，于 2001 年投入生产。该枪可选择单发或全自动发射，弹匣释放钮设计与 USP 相似。全枪只由三颗销钉固定，射手只需用枪弹作为工具就可以完成 MP7 的大部分分解。

基本参数

口径	4.6毫米
全长	638毫米
枪管长	180毫米
空枪重量	1900克
有效射程	200米
枪口初速	724.81米/秒
弹容量	20/30/40发

MP7 手枪大量采用塑料作为枪身主要材料，瞄准方式则采用折叠式的准星照门，不过也于上机匣装上了标准的 M1913 导轨，允许使用者自行加装各式瞄具。该枪采用 4.6×30 毫米口径子弹，该弹是以早年的实验性 HK36 突击步枪的 4.6×36 毫米口径弹药缩短而成。这种弹药有极轻的重量和低后坐力的优点，比 9 毫米口径的子弹威力更强，可有效地提供足够的穿透力，而且后坐力很小，有效射程也较远，只是制止能力不太足够。

MP7 手枪抵肩射击测试

德国特战队员使用 MP7 手枪

加长枪托的 MP7 手枪

德国毛瑟 HSC 手枪

HSC 手枪是由德国毛瑟公司设计生产的半自动手枪，属袖珍型手枪，是 20 世纪 30 年代德国军警的主要手枪之一。该枪枪外形十分独特，可以说是当年少有的"漂亮"手枪之一。

HSC 手枪流线型的外观使其具有强大的视觉冲击感，使用 7.65 毫米口径弹药，威力较大，因此受到高度评价。不过该手枪在市场竞争中败于瓦尔特双动系列手枪，于是，毛瑟公司开始改进 HSC 手枪，改进后的 HSC 手枪于 1940 年开始生产。二战期间，德国军队和警方曾大量装备这种手枪，尽管精加工受当时条件的限制，但它仍不失为一种设计合理、操作良好的手枪。

HSC 手枪示意图

HSC 手枪与手掌大小对比

HSC 手枪与其弹匣

不同握把的 HSC 手枪

基本参数	
口径	7.65毫米
全长	165毫米
枪管长	86毫米
空枪重量	596克
有效射程	40米
枪口初速	290米/秒
弹容量	8发

德国瓦尔特 P99 手枪

P99 手枪是瓦尔特公司于 20 世纪 90 年代开始设计生产的一款半自动手枪，一经推出便成为一些警方及军队的新一代制式装备，其中包括波兰、德国、加拿大和芬兰警察部队或特种部队等。

P99 手枪采用枪管短行程后坐原理，使用特殊材料制作而成。该枪的握柄采用聚合物制作而成，滑套为经过氮化的钢材制作。滑套表面的硬度极高，具有很强的抗磨损、抗金属疲劳和抗锈蚀性。它的瞄准器可进行风偏调整和上下瞄准调整，而

且新推出的版本还可以加装战术手电和光束指示器。此外，为操作便捷性，该枪并没有采用双动扳机配合暴露式的击槌进行击发，而是改用双动扳机配合内藏式撞针释放锁进行击发，所以 P99 从口袋、枪袋中取出时不会有阻碍。

P99 手枪与其弹药、弹匣

P99 手枪侧面特写

P99 手枪示意图

基本参数	
口径	9毫米
全长	180毫米
枪管长	102毫米
空枪重量	710克
有效射程	50米
枪口初速	300～350米/秒
弹容量	10/16发

德国瓦尔特 PP 手枪

PP 手枪是由德国瓦尔特（Walther）公司设计生产的一款半自动手枪，它有一个派生型 PPK，两者构成了一个适合于特殊工作需要的自卫手枪族。它们的结构极为简单，两枪的零件总数分别是 42 件和 39 件，而其中可以通用的零件为 29 件。

PP 手枪采用外露式击锤，配有机械瞄准具。套筒左右都有保险机柄，套筒座两侧加有塑料制握把护板。弹匣下部有一塑料延伸体，能让射手握得更牢固。与 PP 相比，PPK 的性能毫不逊色，"体形"却比前者更小巧，方便隐蔽携带，在使用安全性上的设计也更为周到，例如在握把底面后端增加了背带环等。PP 手枪的设计非常成功，对二战后的手枪设计产生了极大的影响。很多世界精品手枪的设计，包括苏联的马卡洛夫 PM、匈牙利的 FEGPA-63 和前捷克斯洛伐克的 CA50 等，都受到了 PP 手枪的影响。直到今天，瓦尔特公司仍然在继续生产这款手枪，以及它的派生型 PPK。

PP 手枪示意图

基本参数

口径：	9毫米
全长：	170毫米
枪管长：	98毫米
空枪重量：	665克
有效射程：	30米
枪口初速：	256米/秒
弹容量：	8发

【战地花絮】

PP 手枪是许多小说、漫画中的常客，最典型的要数英国"007"系列动作电影了。片中间谍詹姆斯·邦德就是使用的 PP 手枪，直到第 18 部《择日而亡》中才改用瓦尔特 P99 作为新一代手枪，而在《007：大破天幕杀机》中 PP 手枪重新被使用，并被 Q 博士改良为邦德专用。

空仓挂机状态下的 PP 手枪

PP 手枪与其枪套

PP 手枪与其弹药

德国鲁格 P08 手枪

P08 手枪是两次世界大战里德军最具有代表性的手枪之一，作为制式自卫武器，在德军服役达 30 年之久。该枪虽然外形比较丑陋，但其超实用性能以及多种变型枪种，使得它从诞生起就成为世界上最优秀的手枪，至今仍是世界著名手枪之一。

P08 手枪最大的特色是其肘节式闭锁机，它参考了马克沁重机枪及温彻斯特杠杆式步枪的工作原理。它采用枪管短后坐式工作原理，是一种性能可靠、质地优良的武器。它有多种变型枪，其中，P08 炮兵型是该系列手枪中的佼佼者，极其珍贵，它由德国 DWM 公司于 1914 ~ 1918 年生产，仅生产了 2 万支。其准星为三角形斜坡准星，可调风偏。炮兵型的 P08 射击精度较高，能够命中 200 米处的人像靶。

黑色涂装的 P08 手枪

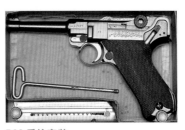

P08 手枪示意图

基本参数	
口径：	9毫米
全长：	222毫米
枪管长：	102毫米
空枪重量：	850克
有效射程：	50米
枪口初速：	351米/秒
弹容量：	8发弹匣/32发弹鼓

P08 手枪肘节式闭锁机

P08 手枪及弹匣

P08 手枪套装

【战地花絮】

1900 年，P08 手枪被瑞士军队作为制式手枪，成为世界上第一把制式军用半自动手枪；1908 年，它又被德国陆军选为制式手枪。虽然 P08 生产工艺要求高、零部件较多、成本也较高，但是直到 1942 年底才正式结束其批量生产。该枪一共生产了约 205 万支，经过二战的消耗，剩余极少。

德国毛瑟 C96 手枪

提及 C96 手枪，二战时期在中国几乎是妇孺皆知，它又名驳壳枪，或者"盒子炮""匣子枪"，由德国毛瑟（Mauser）公司设计生产。由于该枪枪套是木制盒子，将其倒装在握柄后，立即转变为一支冲锋枪，成为肩射武器，这是二战时非常流行的做法。

一战期间，德国陆军向毛瑟公司购买了 15 万把 9 毫米口径 C96 手枪，与本为制式手枪的 P08 作搭配。为了避免士兵误用 7.63 毫米弹药，这种 9 毫米口径的 C96 在木制握把刻印了一个红色的"9"字作记号，因此名为 Red 9。在大量生产的 40 年历史中，C96 手枪少有改进，这并不是说毛瑟兵工厂不重视，而是因为原始设计已经很完美。C96 手枪是"丑得可爱"的典型，而"丑"的背后是让人惊叹的神奇——整支枪没有使用一个螺丝或插销，却做到了所有零件严丝合缝，其构造让现代手枪也为之汗颜。

基本参数

口径：	7.63毫米
全长：	288毫米
枪管长：	140毫米
空枪重量：	1130克
有效射程：	100米
枪口初速：	425米/秒
弹容量：	10发

C96 手枪示意图

C96 手枪与其枪套

C96 手枪分解图

黑色涂装的 C96 手枪

德国瓦尔特 P5 手枪

瓦尔特 P5 手枪是瓦尔特公司 1979 年为联邦德国军队、警察研制的安全型手枪。它沿用 P38/P1 的内部设计及闭锁系统，加强了骨架结构并加入双后坐弹簧，加长了套筒长度及改用了短枪管。为了保持准确度，在发射时枪管不会向上翘起，而是保持水平后移约 5 ~ 10 毫米。

它采用单 / 双动扳机，击锤释放钮在机匣左面。

P5 最独特的地方是退壳口与其他手枪相反，设于套筒左面。P5 的外形尺寸和形状非常适合手小的人使用，枪身侧面有拇指容易摸到的弹匣卡笋。套筒座用合金制成，外部抛光处理。击锤外形改成圆形，防止使用时挂扯衣服。

基本参数	
口径：9 毫米	
全长：180 毫米	
枪管长：90 毫米	
空枪重量：795 克	
有效射程：50 米	
枪口初速：350 米/秒	
弹容量：8 发	

黑色涂装的瓦尔特 P5 手枪

瓦尔特 P5 手枪及弹匣

瓦尔特 P5 手枪示意图

枪盒里的瓦尔特 P5 手枪

比利时 FN M1900 手枪

1899 年，比利时赫尔斯塔尔国营工厂（Fabrique Nationale d'Armes de Guerre，一般称为 Fabrique Nationale，后文统称 FN 公司）与勃朗宁（美国轻武器设计家）合作开发出了发射 7.65×17 毫米口径枪弹的 M1899 手枪，于 1900 年被比利时政府正式采用，定名为 M1900。该枪是历史上第一款有套筒设计的手枪。

从外形上看，M1900 手枪的最大特点是外形扁薄平整、坚实紧凑、简洁明快、大小适中。在结构性能方面，M1900 手枪结构简单、动作可靠、保险确实，特别是在战斗使用方便与安全可靠性方面的考虑甚为周到。在结构布局上，M1900 手枪采用了复进簧上置而枪管下置。这种布局的最大优点是，使枪管轴线降低到与射手的持枪手虎口同高，射击时，后坐力几乎均匀地作用在持枪手虎口上。此外，该手枪的枪机质量相对较大，与套筒的共同作用基本消除了射击时枪口上跳，使基础精准度进一步加大。

M1900 手枪示意图

基本参数	
口径：7.65毫米	
全长：165毫米	
枪管长：102毫米	
空枪重量：625克	
有效射程：30米	
枪口初速：290米/秒	
弹容量：8发	

黑色涂装的 M1900 手枪

M1900 手枪及弹匣

保存至今的 M1900 手枪

比利时 FN M1906 手枪

M1906 手枪是勃朗宁设计，FN 公司生产的第一种袖珍型手枪，成功的设计使之成为后来大多数袖珍型手枪的"典范"和"模板"。它延续并改进了在 FM1903 手枪上应用的一种新型结构，即在枪管下方设计了 3 个肋状闭锁凸笋，从而有效地与套筒座相扣合，使得分解非常容易。

M1906 手枪全枪外形比较平滑，没有凸出的棱角，固定式缺口和准星全部隐藏在套筒顶端长槽内，扳机也采用平板状，不会因钩住衣袋衬里而影响出枪速度。该手枪在设计上还非常重视安全性，设有三重保险，在膛内有弹的情况下携行也十分安全：一是弹匣保险，未装弹匣时可锁住扳机，不能击发；二是在套筒座左侧后部有手动保险，将其拨入套筒后方缺口内即为保险状态；另外还设有握把保险，只有在正确握持并挤压到位后，扣动扳机才能释放击针。

M1906 手枪示意图

M1906 手枪与手掌大小对比

M1906 手枪背部

保存至今的 M1906 手枪

基本参数

口径	6.35毫米
全长	114毫米
枪管长	53.5毫米
空枪重量	350克
有效射程	30米
枪口初速	500米/秒
弹容量	6发

比利时 FN M1935 手枪

M1935 手枪是世界应用最广泛的手枪之一，其结构新颖、设计独特，在 20 世纪初来说是一个创造性的产品。此外，因其精度良好、容弹量较大，至今仍在现代手枪结构设计中占有重要地位。同时，该枪也是一支著名的"长寿"武器，截至 2021 年仍在多个国家的军队和执法单位服役。

基本参数

口径	9毫米
全长	197毫米
枪管长	118毫米
空枪重量	900克
有效射程	50米
枪口初速	335米/秒
弹容量	13发

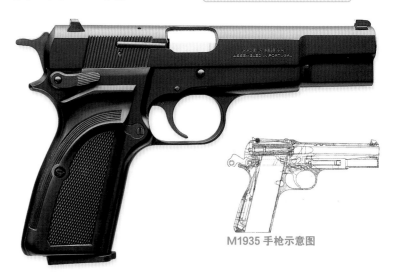
M1935 手枪示意图

M1935 手枪采用枪管短后坐式工作原理，枪管偏移式闭锁机构，回转式击锤击发方式，带有空仓挂机和手动保险机构。全枪结构简单，坚固耐用。由于该枪生产时间较长，其间几经改进，加上生产厂家较多，细节上有诸多差别。该枪使用的双排单进 13 发弹匣由弹匣体、托弹板、托弹簧、托弹簧底板和弹匣底板组成。

这种结构的弹匣非常适合在手枪上使用，为后来的各种大容弹量手枪弹匣设计奠定了基础。

早期的 M1935 手枪

现代化改进的 M1935 手枪

M1935 手枪与其子弹盒

比利时 FN 57 手枪

FN 57 手枪是由 FN 公司设计生产的一款半自动手枪，特点是重量轻、低后坐力、体积小、弹匣容量高，使用 FN 公司自主设计的 5.7×28 毫米枪弹。该枪已被数十个国家的军队或执法单位采用，包括美国、意大利、法国、利比亚和墨西哥等。

FN 57 手枪采用枪机延迟式后坐，非刚性闭锁，回转式击锤击发等设计。该枪首次在手枪套筒上成功采用钢 - 塑料复合结构，支架用钢板冲压成形，击针室用机械加工，用固定销固定在支架上，外面覆上高强度工程塑料，表面再经过磷化处理。针对美国市场，FN 公司还把 FN 57 手枪分成两种型号——IOM 型和 USG 型。IOM 型（Individual Officer Model，官员个人型）供执法机构或军事人员使用；USG 型（United States Government，美国政府型）则是供美国的执法部门或平民使用。

FN 57 手枪示意图

安装战术用具的 FN 57 手枪

FN 57 手枪与弹药

装有消声器的 FN 57 手枪

基本参数	
口径	5.7毫米
全长	208毫米
枪管长	122毫米
空枪重量	744克
有效射程	50米
枪口初速	716米/秒
弹容量	10/20/30发

比利时 FN P90 手枪

P90 是 FN 公司于 1990 年推出的一款全自动手枪，它能够有限度地同时取代半自动手枪、冲锋枪及短管突击步枪等枪械，使用的 5.7×28 毫米子弹能把后坐力降至低于手枪，而穿透力还能有效击穿手枪不能击穿的、具有四级甚至于五级防护能力的防弹背心等个人防护装备。

P90 手枪的枪身重心靠近握把，有利于单手操作并灵活地改变指向。经过精心设计的抛弹口，可确保各种射击姿势下抛出的弹壳都不会影射击。水平弹匣使得 P90 的高度大大减小，卧姿射击时可以尽量伏低。此外，P90 的野战分解非常容易，经简单训练就可在 15 秒内完成不完全分解，方便保养和维护。

基本参数
口径：5.7毫米
全长：500毫米
枪管长：263毫米
空枪重量：2.54千克
有效射程：150米
枪口初速：715米/秒
弹容量：50发

P90 手枪弹匣特写

射击测试中的 P90 手枪

P90 手枪与其弹匣

P90 手枪示意图

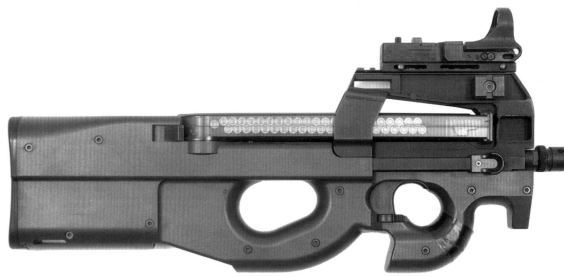

瑞士 SIG Sauer P210 手枪

P210 手枪是瑞士西格－绍尔公司（SIG Sauer 公司，后文统称 SIG 公司）设计生产的一款半自动手枪，于 1949 年推出，后成为瑞士陆军的制式武器。

P210 手枪的机匣装有可强制封锁扳机的手动保险及弹匣退出时自动扳机的自动保险系统。该手枪的生产有着严格的品质监控，因此其可靠性、射击精准度、耐用性都比一般手枪高。虽然该枪有不少的优点，但其早期版本没有握把式弹匣释放钮，不及其他手枪般操作方便，且由于手工装配及高质量部件令价格比其他手枪高，因此当时没有太多国家采用。

基本参数	
口径：	9毫米
全长：	215毫米
枪管长：	120毫米
空枪重量：	900克
有效射程：	50米
枪口初速：	335米/秒
弹容量：	8发

P210 手枪枪口特写

P210 手枪分解图

P210 手枪与其弹药

瑞士 SIG Sauer P220 手枪

P220 手枪是 SIG 公司设计生产的一款半自动手枪，其主要特点是价格低廉。瑞士、丹麦、日本皆曾采用 P220 作为军队制式手枪，其他一些国家的军警用户也曾装备过 P220，但 21 世纪以来多数国家都已换装其他大容量弹匣手枪。

自 P210 手枪推出并使用了一段时间之后，瑞士军警就开始寻找价格低廉的手枪。SIG 公司得知这一消息立马采用行动，其在总结了过去手枪设计的优缺点后，简化加工工艺以及减少手枪零部件，成功地于 20 世纪 70 年代推出了 P220 手枪。

基本参数	
口径：	9毫米
全长：	198毫米
枪管长：	112毫米
空枪重量：	750克
有效射程：	50米
枪口初速：	345米/秒
弹容量：	9发

P220 手枪与弹药

武器展览会中 P220 手枪

安装战术用具的 P220 手枪

P220 手枪可以发射不同口径的子弹，前提是必须根据子弹型号相应地更换套筒和枪管。后来 SIG 公司以 P220 手枪为基础开发出 P225、P226、P229 等一系列不同类型的手枪，凭着其射击性能优良、操作安全可靠的优点，使整个 P 系列手枪在军用、警用和民间市场都很受欢迎。

P220 手枪分解图

瑞士 SIG Sauer P228 手枪

　　P228 手枪是 SIG 公司针对美国市场开发的，是该公司第一种成为美军制式手枪的产品。除美军之外，P228 手枪还在其他数十个国家中服役，其中包括英国、瑞典和葡萄牙等。

　　相比 P226 手枪而言，P228 手枪的人体工程学更好。握把形状的设计无论对手掌大小的射手来说都很舒服，而且指向性极好。双动扳机也很舒适，即使是手掌较小的射手也很能舒适地操作，而单动射击时感觉更佳。

P228 手枪出厂套件

美军服役的 P228 手枪

基本参数	
口径：9毫米	全长：180毫米
枪管长：98毫米	空枪重量：830克
有效射程：50米	枪口初速：340米/秒
弹容量：10/20发	

瑞士 SIG Sauer P229 手枪

　　P229 手枪是 SIG 公司设计生产的一款半自动手枪，可发射 9×19 毫米、.40 S&W（10 毫米口径）、.357 SIG（9 毫米口径）和 .22 LR（5.59 米米口径）等手枪子弹。截至 2021 年，该枪在数十个国家中服役，其中包括加拿大、土耳其和瑞典等。

　　P229 手枪有两个非常突出的优点：第一，结构紧凑，解脱杆安装在套筒座上，精巧的布局使其操作简单；第二，射击精准度高，它在当时与其他以射击精准度著称的手枪相比，在这一方面不相上下。

P229 手枪的变型枪（P229 "蝎子" 型 TB）

P229 手枪与其弹药

基本参数	
口径：9毫米	全长：180毫米
枪管长：98毫米	空枪重量：905克
有效射程：50米	枪口初速：309米/秒
弹容量：12发	

【战地花絮】

　　P229 的性能稳定，被当作 SIG 公司经典枪型 P226 的便携版。因其不锈钢筒套比枪身重，射击时吸收一部分后坐力，所以连发时射击精准度较高。P229 有优秀的可靠性，美国安全部门选枪时曾对各种手枪做过 10 万发正规测试，唯有 P229 无一发卡壳。

装上 Streamlight TLR-2 武器战术灯的 P229 手枪以及其弹匣和枪盒

在美军服役的 P229 手枪

瑞士 SIG Sauer SP2022 手枪

　　SP2022 手枪是 SIG 公司设计生产的一款半自动手枪，其战斗性能仅次于 P228 手枪，是第二个成为美军制式手枪的 SIG 公司产品。

　　20 世纪后期，随着用于枪械的新型材料和技术不断革新，世界各大老牌军工企业开始展开新一轮的市场争夺赛，这些军工企业包括比利时的 FN 公司、德国的 HK 公司、意大利的伯莱塔公司、奥地利的格洛克公司以及瑞士的 SIG 公司。其中格洛克公司率先设计出了实用性较高的聚合物套筒座手枪，并得到各国军警界青睐，占据了大量的警用手枪市场。当时作为瑞士顶尖军工企业，SIG 公司也不甘示弱，于 2002 年推出了自主研发的聚合物套筒座手枪——SP2022。

SP2022 手枪枪口特写

SP2022 手枪尾部特写

基本参数	
口径：	9 毫米
全长：	187 毫米
枪管长：	98 毫米
空枪重量：	715 克
有效射程：	50 米
枪口初速：	390 米/秒
弹容量：	15 发

在美军服役的 SP2022 手枪

意大利伯莱塔 92 手枪

伯莱塔 92 手枪是伯莱塔公司半自动手枪风格的成形型，其改进型伯莱塔 92F（即 M9）手枪曾取代了美军 M1911 手枪的地位，成为美军新一代制式手枪。此后，伯莱塔 92 手枪便"一炮走红"，成为伯莱塔公司的主力产品，同时也让该公司逐渐缺乏创新，在很长一段时间里没有设计出更优秀的手枪。

伯莱塔 92 手枪有三大特色。一是射击精度高，该枪的开闭锁动作由闭锁卡铁上下摆动而完成，避免了枪管上下摆动时对射弹造成的影响。二是手枪的可维修性好，故障率低，恶劣战斗条件下适应性强，自 1.2 米高处落在坚硬的地面上不会出现偶发。三是人休工程学设计合理，枪的表面为无光泽的聚四氯乙烯涂层，不反光，耐腐蚀。

基本参数	
口径	9毫米
全长	217毫米
枪管长	125毫米
空枪重量	950克
有效射程	50米
枪口初速	381米/秒
弹容量	10发

伯莱塔 92 手枪与其弹药

枪盒中的伯莱塔 92 手枪

安装战术用具的伯莱塔 92 手枪

意大利伯莱塔 92S 手枪

1976 年，意大利警方表示可以采用伯莱塔 92 手枪，但是要改进其保险机构，以提高训练和实战时的安全性。1977 年，增加了这种保险装置的伯莱塔 92 型被重新命名为伯莱塔 92S。

1980 年，美国空军开始对参加对比测试的各型 9 毫米口径半自动手枪进行评估。与此同时伯莱塔公司根据一些警察和军队反馈，对伯莱塔 92S 手枪进行改进，推出一种增加了击针保险装置的新型号，命名为伯莱塔 92SB。这种新的击针保险装置能始终卡住击针避免意外击发，只有在扣动扳机时击针保险才会释放击针。

基本参数	
口径：	9毫米
全长：	197毫米
枪管长：	119毫米
空枪重量：	950克
有效射程：	50米
枪口初速：	390米/秒
弹容量：	13发

空仓挂机的伯莱塔 92S 手枪

伯莱塔 92S 手枪左侧方视角

伯莱塔 92S 手枪右侧方视角

伯莱塔 92S 手枪前侧方视角

【战地花絮】
伯莱塔 92S 手枪首先被意大利国家警察采用，然后被意大利宪兵采用，接着就取代了伯莱塔 34 型和伯莱塔 M1951 手枪，成为意大利军队新的制式手枪。

意大利伯莱塔 90TWO 手枪

为了在时代变迁过程中继续维持伯莱塔92系列手枪的地位，伯莱塔公司一方面陆续推出伯莱塔92系列手枪，另一方面也在尝试突破设计，开发新产品。伯莱塔90TWO手枪就是伯莱塔公司在继承伯莱塔92系列手枪"血统"的前提下，进行全新设计的产品。

相对于旧时代的伯莱塔92系列手枪来说，伯莱塔90TWO手枪最明显的变化是增设了手枪套筒座内的缓冲垫，该缓冲垫的增设有利于缓和后坐力，进一步提高命中精度。此外，伯莱塔90TWO手枪还在套筒下、底把的扳机护圈前方的防尘盖整合了一条MIL-STD-1913式战术

灯安装导轨，以安装各种战术灯、激光瞄准器和其他战术配件。值得一提的是，该枪还设计有战术配件导轨保护套，在没有安装任何战术配件时装上，它除了保护导轨不受外物碰撞损坏以外，也可美化全枪的外观。

伯莱塔 90TWO 手枪示意图

伯莱塔 90TWO 手枪枪口特写

基本参数	
口径：	9毫米
全长：	216毫米
枪管长：	125毫米
空枪重量：	921克
有效射程：	50米
枪口初速：	381米/秒
弹容量：	10/12/17发

伯莱塔 90TWO 手枪与其弹匣

装上战术配件导轨保护套的
伯莱塔 90TWO 手枪

奥地利格洛克 17 手枪

格洛克 17 手枪是由奥地利格洛克（GLOCK）公司于 20 世纪 80 年代设计生产的一款半自动手枪，是该公司设计生产的第一款手枪。该枪曾一度是美军的"专用"手枪，此外，新加坡、南非和乌克兰等国也有大量采用。

格洛克 17 手枪采用枪管短行程后坐式原理，使用 9×19 毫米格鲁弹，弹匣有多种型号，弹容量从 10 发到 33 发不等。该枪大量采用了复合材料，空枪重量仅为 625 克，人机功效非常出色。因为其坚固耐用和简单化的设计，格洛克 17 手枪能在一些极端的环境下正常运作，还可在必要的时候改装成冲锋枪。因此，它被不少国家的常规部队和特种部队采用。

格洛克 17 手枪示意图

第四代格洛克 17 手枪

格洛克 17 手枪不完全分解图

基本参数	
口径：	9毫米
全长：	202毫米
枪管长：	114毫米
空枪重量：	625克
有效射程：	50米
枪口初速：	375米/秒
弹容量：	10/17/19/31/33发

格洛克 17 手枪与其他战斗武器

【战地花絮】

格洛克 17 手枪经历过 4 次不同程度的修改，第四代格洛克 17 手枪的套筒上有 Gen4 字样。2010 年，新推出的格洛克 17 手枪大大增强了人机功效，并采用双复进簧设计，以降低后坐力和提高枪支寿命。

奥地利格洛克 18 手枪

格洛克 18 手枪是由格洛克公司设计生产的一款全自动手枪，目前在世界多支特种部队服役，其中包括法国国家宪兵特勤队、英国特别空勤团和美国陆军"游骑兵"特种部队等。

格洛克 18 与格洛克 17 外形长度相同，两者最大的外观差别是前者套筒后部有快慢机。格洛克 18 手枪设置有半自动和全自动切换的选择钮。选择钮负责释放第一道撞针的保险，当射手扣下扳机时立刻释放撞针来击发子弹，而当滑套往复运行时，因无第一道保险的限制而能全自动射击；向下为全自动模式，向上为单发模式。由于设计其射击控制机构极其简单，甚至没有增加减速机构，因此格洛克 18 的理论射速极高，为每分钟 1300 发。

格洛克 18 手枪示意图

基本参数	
口径：9毫米	
全长：186毫米	
枪管长：114毫米	
空枪重量：620克	
枪口初速：360米/秒	
弹容量：17/31/33发	

使用 33 发大弹匣的格洛克 18 手枪

格洛克 18 手枪前侧方特写

格洛克 18 手枪射击测试

奥地利格洛克 20 手枪

格洛克 20 手枪是格洛克公司针对美国市场所设计生产的一款半自动手枪，有多种衍生型号，其中包括格洛克 20C、格洛克 20SF 和格洛克 21 等。目前，除美国之外，它还被多个国家的军事单位采用，其中包括澳大利亚维多利亚州 SOG（Special Operations Group，意为特别行动组）和丹麦"天狼星"特种部队。

基本参数		
口径：10毫米	全长：193毫米	枪管长：117毫米
枪重量：785克	有效射程：50米	枪口初速：380米/秒
弹容量：15发		

格洛克 20 手枪后部特写

为了提高人机工效，格洛克20手枪采用了新纹理，握把由之前的粗糙表面改为凹陷表面，尺寸也略为缩小，且由过往不能更换改为可以更换握把片（分别是中形和大形，也可以不装上握把片直接使用），以调整握把尺寸，适合不同的手形。该手枪套筒内部的复进簧改为双复进簧式设计，大大降低了后坐力和提高了全枪的寿命。

待测试的格洛克20手枪

格洛克20手枪与其弹匣

在丹麦"天狼星"特种部队服役的格洛克20手枪

奥地利格洛克 26 手枪

在袖珍手枪领域，瓦尔特公司的PPK手枪以及比利时FN公司的M1906手枪等，都有不俗的表现。作为后起之秀，格洛克公司自然也不会放弃这一市场，于1995年以成名作格洛克17手枪为基础，推出了其袖珍版——格洛克26手枪。

与格洛克17手枪相比，格洛克26手枪的握把少了一个手指凹槽，更便于隐蔽任务，以上两种型号大部分零件通用（包括弹匣）。格洛克公司还以格洛克26手枪为基础，推出了若干衍生型号，其中包括格洛克27、格洛克28、格洛克29以及格洛克33等。

格洛克26手枪与其弹匣

测试中的格洛克26手枪

基本参数	
口径：	9毫米
全长：	165毫米
枪管长：	114毫米
空枪重量：	560克
有效射程：	50米
枪口初速：	355米/秒
弹容量：	10/33发

空仓挂机的格洛克26手枪

格洛克26手枪出厂套件

奥地利格洛克 27 手枪

　　格洛克 27 是由奥地利格洛克公司设计及生产的手枪，经历了四次修正版本，最新的版本称为第四代格洛克 27。第四代在套筒上型号位置加上"Gen4"以兹识别。

　　2011 年开始，新推出的格洛克 27 手枪为了大大提高人机工效，采用了与第四代格洛克 17 手枪相同的新纹理，握把由粗糙表面改凹陷表面，而握把略为缩小，亦且出过往不能更换改为可以更换握把片（分别是中形和大形，亦可以不装上握把片直接使用），以调整握把尺寸，更适合不同的手形。亦会有经改进的弹匣设计，以便左右手皆可以直接按下加大化的弹匣卡笋以更换弹匣，还可以与旧式弹匣共用，但只可以右手按下弹匣卡笋以更换弹匣。

第四代格洛克 27 手枪

枪盒里的格洛克 27 手枪

格洛克 27 手枪前侧方特写

黑色涂装的格洛克 27 手枪

基本参数	
口径	10毫米
全长	163毫米
枪管长	87毫米
空枪重量	560克
有效射程	50米
枪口初速	375米/秒
弹容量	9/11/13/15/17发

奥地利施泰尔 GB 手枪

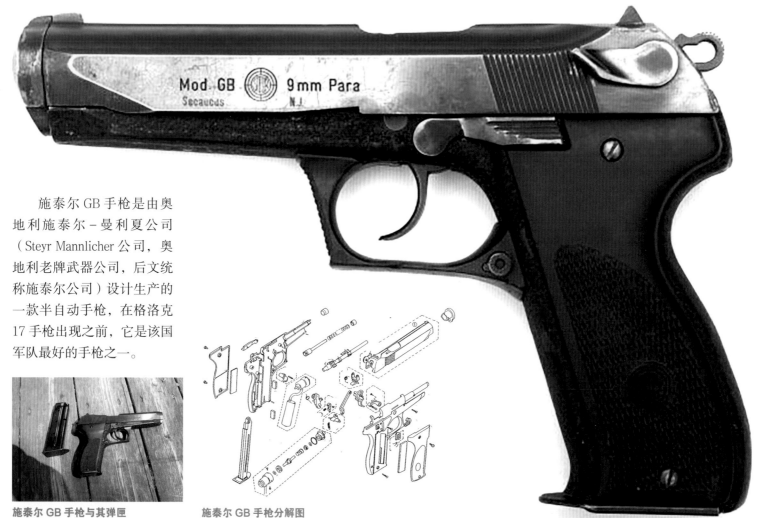

施泰尔 GB 手枪是由奥地利施泰尔－曼利夏公司（Steyr Mannlicher 公司，奥地利老牌武器公司，后文统称施泰尔公司）设计生产的一款半自动手枪，在格洛克 17 手枪出现之前，它是该国军队最好的手枪之一。

施泰尔 GB 手枪与其弹匣

施泰尔 GB 手枪分解图

保存至今的施泰尔 GB 手枪

施泰尔 GB 手枪采用了半自由枪机式工作原理，借助射击后流入气室内的火药气体达到延迟后坐的作用。枪管外表面和套筒之间形成一个封闭的环形空间作为气室，枪管外有一个导气孔，射击时部分气体流入环形空间从而产生高压，并作用于套筒前端以阻滞强烈的后坐从而产生阻滞作用。另外，该手枪使用双排弹匣供弹，配有空仓挂机结构。

基本参数	
口径：	9毫米
全长：	216毫米
枪管长：	136毫米
空枪重量：	845克
有效射程：	50米
枪口初速：	360米/秒
弹容量：	18发

捷克斯洛伐克 / 捷克 CZ-83 手枪

CZ-83 手枪是 CZ 兵工厂生产的一款半自动手枪，诞生于 1983 年，主要用警察、军队的高级官员使用，因使用低威力子弹，所以其结构非常简单。

CZ-83 手枪有几个非常突出的优点：第一，转换套件的设计思想，使该手枪能够发射多种型号的枪弹，简化了后勤保障及武器对枪弹口径的依赖性；第二，该手枪的握把设计

以人体工程学为基础，发射机构采用的是双动原理，使用简便快捷；另外，它的扳机护圈较大，便于射手戴手套时射击，枪套筒两侧经过抛光处理，但顶部未抛光，以防止瞄准时反光。

CZ-83 手枪与其弹药

CZ-83 手枪分解图

基本参数
口径：7.65/9毫米
全长：172毫米
枪管长：97毫米
空枪重量：720克
有效射程：50米
枪口初速：300米/秒
弹容量：12/15发

CZ-83 手枪与弹匣

保存至今的 CZ-83 手枪

捷克斯洛伐克 / 捷克 CZ-110 手枪

20 世纪 90 年代初期，在手枪市场上出现了一种使用新型材料的手枪——聚合物底把手枪，并大受军警和平民的追捧，所以 CZ 兵工厂也决定加入这一市场。CZ-110 手枪正是 CZ 兵工厂走进聚合物底把

手枪市场的产品之一。

CZ-110 手枪的击针可以由套筒的复进循环令其完全竖起，如果不是必须立即开火的话，可以利用待击解脱杆降低击锤来锁上全枪。该手枪内部还装有携带时令击针不能做任

何移动而仍然保持上膛的特殊保险。该手枪还设计有双动操作的扳机机构，然而，如果需要更准确地发射第一发子弹（扳机在单动操作模式），就需要向后拉动套筒大约 10 毫米并竖起击针。

基本参数	
口径：	9毫米
全长：	180毫米
枪管长：	98毫米
空枪重量：	665克
有效射程：	50米
枪口初速：	320米/秒
弹容量：	13发

CZ-110 手枪与其弹匣

CZ-110 手枪平躺照

CZ-110 手枪与其枪套、弹匣

在前捷克斯洛伐克军队服役的 CZ-110 手枪

苏联 / 俄罗斯 APS 手枪

APS 手枪是由苏联枪械设计师伊戈尔·雅科夫列维奇·斯捷奇金（Igor Yakovlevich Stechkin）设计的，它采用了一种可驳接到手枪上充当枪托的硬壳式枪套，既可以通过腰带卡把枪套挂在腰上，也可以通过手枪握把尾端的引导槽驳接枪套，当作枪托使用。

ΛPS 手枪示意图

保存至今的 APS 手枪

安装了枪托的 APS 手枪

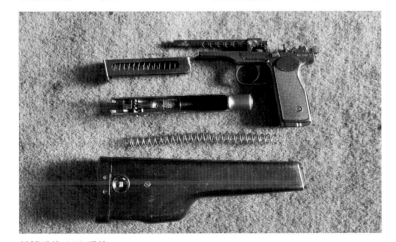

拆解后的 APS 手枪

20 世纪 50、60 年代，APS 手枪比起广泛装备的 PM 手枪有更好的精度和更大的弹容量，而且既能以半自动模式准确迅速地射击，也能在室内近战的紧急情形下进行全自动射击。后来尽管有更现代化和威力更大的手枪出现，如 GSh-18，但 APS 手枪由于使用库存量足和价格便宜的 9×18 毫米手枪弹，以及良好的射击精度和较低的后坐力，直到现在仍然被俄罗斯的执法机构尤其是特种部队使用。

基本参数	
口径：	9毫米
全长：	225毫米
枪管长：	140毫米
空枪重量：	1220克
有效射程：	50米
枪口初速：	340米/秒
弹容量：	20发

苏联 / 俄罗斯 PM 手枪

PM 手枪（即马卡洛夫手枪）是苏联军事专家尼古拉·马卡洛夫（Nikolay Makarov）设计的一款半自动手枪，在 1951～1991 年期间为苏联军队的制式手枪，至今仍在俄罗斯军队服役。21 世纪初，俄罗斯打算以 MP-443 手枪取代警察使用的 PM 手枪，但由于财政问题和该手枪在俄罗斯的数量非常庞大，换枪计划最终作罢。

基本参数	
口径：9毫米	全长：161毫米
枪管长：93.5毫米	空枪重量：730克
有效射程：50米	枪口初速：315米/秒
弹容量：8发	

PM 手枪示意图

PM 手枪发射的瞬间

PM 手枪与其弹匣

PM 手枪的结构与 PP/PPK 手枪基本相同，其区别主要在 6 个地方：第一，PM 手枪为左旋复进簧；第二，PM 手枪的击锤头与 PPK 不同；第三，PM 手枪没有子弹上膛显示器；第四，PM 手枪的弹匣卡笋设在握把底部；第五，PM 手枪将击锤发弹簧改为弹片；第六，PM 手枪有滑套卡笋，在最后一发子弹射出后弹匣托扳会顶住卡笋，使滑套停留在后方。

俄罗斯 MP-443 手枪

MP-443 手枪是俄罗斯伊热夫斯克（Izhevsh）机械工厂生产的一款半自动手枪，可与格洛克 17 手枪媲美，2003 年开始服役，目前和 GSh-18 一样是俄罗斯军队的制式手枪，被俄罗斯军队、保安人员以及政府官员当作自卫武器。

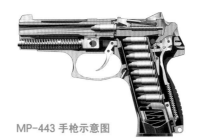

MP-443 手枪示意图

基本参数	
口径：9 毫米	
全长：198 毫米	
枪管长：112.5 毫米	
空枪重量：950 克	
有效射程：50 米	
枪口初速：465 米/秒	
弹容量：10/17 发	

MP-443 手枪的握把上方左右两侧成对配置手动保险杆，左右手均可操作。手动保险杆推向上方位置为保险状态，不仅锁住扳机和阻铁，也锁住击锤和套筒。枪管后端装有卡铁，该卡铁为一独立件，便于加工。复进簧导杆与空仓挂机轴装在枪管后端的下方，空仓挂机扳把设在套筒左侧。弹匣为钢制件，有 10 发和 17 发两种容弹量，弹匣托弹板由聚合物制成。弹匣扣设在扳机护圈后部，枪身左右两侧和缺口式照门前方设有较大的斜坡，以便装入手枪套时不会被挂住。

MP-443 手枪与其弹匣

MP-443 手枪分解图

俄罗斯 GSh-18 手枪

GSh-18 手枪是由俄罗斯 KBP 仪器设计局设计生产的一款半自动手枪，主要用于近距离战斗，是俄罗斯乃至世界新一代军用手枪中的佼佼者。2001 年，GSh-18 被俄罗斯司法部特种部队、内政部和军队特种部队所采用，并开始向国外出口。

基本参数			
口径：9毫米		全长：184毫米	
枪管长：103毫米		空枪重量：470克	
有效射程：50米		枪口初速：535米/秒	
弹容量：18发			

GSh-18 手枪示意图

GSh-18 手枪采用了枪管短行程后坐作用，以及一个不寻常的凸轮偏转式闭锁结构，枪管外表面具有 10 个组成环状、分布均匀的锁耳，回转角度约为 18 度。冷锻法制造的枪管具有 6 条多边形膛线，扳机机构为击针击发、双动操作，并设有一个默认式扳机。

空仓挂机状态下的 GSh-18 手枪

GSh-18 手枪与弹匣

苏联 / 俄罗斯 PSS 手枪

PSS 是苏联中央精密机械制造研究所设计的一款半自动微声手枪，于 1983 年开始服役，主要装备特种作战部队。该枪射击时声音很小，且发射后枪身周围没有闪光，是一支近乎完美的无声武器。虽然 30 多年过去了，但该枪的性能依然是无可匹敌的。

PSS 手枪的设计非常简单，主要由套筒座、枪机、弹匣和握把等部分组成，采用枪管后坐式自动方式。为了保证自动操作的可靠性，枪管和弹膛采用分离式设计，枪管固定，弹膛附着在枪管上。弹膛由一个特殊的弹簧装置和枪管装配在一起，该弹簧装置和枪机复进簧连接在一起，这样可以有效地缩小枪的后坐力，防止射击时枪管上跳。

基本参数	
口径：7.62毫米	
全长：165毫米	
枪管长：35毫米	
空枪重量：700克	
有效射程：25米	
枪口初速：331米/秒	
弹容量：6发	

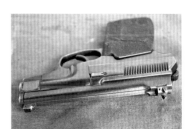

PSS 手枪平躺照

PSS 手枪背部特写

PSS 手枪分解图

士兵在为 PSS 手枪填充弹药

以色列"沙漠之鹰"手枪

"沙漠之鹰"（Desert Eagle）手枪是以色列军事工业公司（Israel Military Industries，以下统称 IMI 公司）生产的一款半自动手枪，是手枪界威力最大武器之一。该枪于 1982 年开始服役，有不少士兵选择该枪作为副武器，此外，美国部分军队、波兰陆军机动反应作战部队和葡萄牙特别行动小组等单位都采用了"沙漠之鹰"手枪。

"沙漠之鹰"手枪采用常在步枪上使用的气动机构，这是因为它发射的是大威力子弹，而一般的气动机构在面对这种子弹时强度有所不足。该手枪的握把很大，通常采用硬塑胶整体制造，用弹簧销固定。为了降低后坐力，采用了两根平行的复进弹簧。它在射击时会产生很大的噪音，而且后坐力极大，故障率也较高。过高的杀伤力也是军方和警方对该手枪的兴趣大大降低的原因之一，因为这样无论是对射手还是射手旁边的人都存在很高的安全隐患。

"沙漠之鹰"手枪示意图

基本参数	
口径：12.7毫米	全长：267毫米
枪管长：152毫米	空枪重量：1360克
有效射程：200米	枪口初速：402米/秒
弹容量：9发	

"沙漠之鹰"手枪与弹药包装盒

空仓挂状态下的"沙漠之鹰"手枪

以色列杰里科 941 手枪

杰里科 941 手枪是以色列军事工业公司（IMI）推出的一种新型手枪。杰里科 941 手枪是一种真正的战斗、自卫手枪，携带方便容易操作，虽然枪口形状与"沙漠之鹰"稍有相似之处，但结构原理却完全不同。

杰里科 941 手枪采用枪管短后坐式工作原理，枪管偏移式开闭锁机构，内部结构类似勃朗宁手枪系统。它可以双动射击，套筒在套筒座导轨上运动，有利于保证射击精度。手动保险柄左右手都可单手操作。该枪还可通过迅速变换枪管、弹匣等部件发射其他口径枪弹，此外，它采用可调整风偏的片状准星和缺口照门，准星和照门上都有发光点，以便于夜间射击。

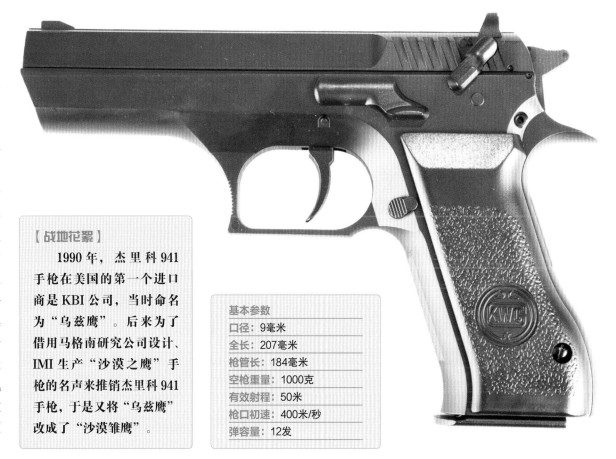

【战地花絮】

1990 年，杰里科 941 手枪在美国的第一个进口商是 KBI 公司，当时命名为"乌兹鹰"。后来为了借用马格南研究公司设计、IMI 生产"沙漠之鹰"手枪的名声来推销杰里科 941 手枪，于是又将"乌兹鹰"改成了"沙漠雏鹰"。

基本参数	
口径：	9毫米
全长：	207毫米
枪管长：	184毫米
空枪重量：	1000克
有效射程：	50米
枪口初速：	400米/秒
弹容量：	12发

黑色涂装的杰里科 941 手枪

杰里科 941 手枪及子弹

杰里科 941 手枪套装

杰里科手枪右侧方特写

波兰 P-64 手枪

20世纪40年代末期，学习了当时世界先进武器设计理念的波兰"弓箭手"武器工厂（Łucznik Arms Factory），开始为其军方设计武器，并成功于1950年推出了P-64手枪。

该枪属袖珍型手枪，能有效杀伤近距离内有生目标。

P-64手枪采用自由枪机式工作原理，子弹被击发后，火药气体压力推动套筒弹底窝平面，使得套筒后坐，完成抽壳、抛壳等动作。该枪手动保险机柄在套筒左后方，显示红点为发射位置，红点被手动保险机柄挡住为保险状态。为便于手枪握持，该手枪弹匣底部向前伸出了一个凸角。

基本参数	
口径：	9毫米
全长：	155毫米
枪管长：	84.6毫米
空枪重量：	636克
有效射程：	50米
枪口初速：	314米/秒
弹容量：	6发

P-64 手枪侧面

现代化的 P-64 手枪

在波兰军服役的 P-64 手枪

2.2 冲锋枪
美国 MAC-10 冲锋枪

MAC-10（Military Armament Corporation Model 10，意为军事装备公司 10 型）是由戈登湾·B·英格拉姆（Gordon B. Ingram）设计、美国军事装备公司（Military Armament Corporation）生产的一款冲锋枪，其生产成本低、结构简单，因此很容易制造和维修。

基本参数	
口径：11.43 毫米	
全长：548毫米	
枪管长：146毫米	
空枪重量：2.84千克	
有效射程：50 米	
射速：1090发/分	
枪口初速：280米/秒	
弹容量：30发	

安装消声器的 MAC-10 冲锋枪

MAC-10 冲锋枪示意图

MAC-10 冲锋枪全枪的零部件几乎完全采用薄钢板以冲压成型的方式加工制造，而枪机则是采用精密铸造技术生产，整体制造工艺比较简单。该枪使用锯齿状、枪机转动 90 度就会闭锁和有指示器指示武器不能射击的两个保险装置，这能有效杜绝武器因为坠地而导致走火。

美军基地中的 MAC-10 冲锋枪

装有消声器的 MAC-10 冲锋枪

美国汤普森冲锋枪

汤普森冲锋枪是美军在二战中最著名的冲锋枪，由约翰·T.汤普森（John T. Thompson）于20世纪初期设计，美国自动军械公司（Auto-Ordnance Company）生产。1944年，诺曼底登陆将汤普森冲锋枪带进了欧洲战场，自此，汤普森冲锋枪和苏军的PPSh-41冲锋枪在二战欧洲战场上并肩作战。

汤普森冲锋枪分解图

基本参数	
口径：11.43毫米	全长：852毫米
枪管长：270毫米	空枪重量：4.9千克
有效射程：150～250米	射速：600～1200发/分
枪口初速：285米/秒	弹容量：20/30/50/100发

汤普森冲锋枪使用开放式枪机，即枪机和相关工作部件都被卡在后方，当扣动扳机后枪机被放开前进，将子弹由弹匣推上膛并且将子弹发射出去，再将枪机后推，弹出空弹壳，循环操作准备射击下一颗子弹。该枪可以使用鼓式弹夹，这种弹夹虽然能够提供持续射击的能力，但它太过于笨重，不便于携带。

使用鼓式弹夹的汤普森冲锋枪

保存至今的汤普森冲锋枪

二战期间英军士兵使用汤普森冲锋枪

苏联 / 俄罗斯 PPSh-41 冲锋枪

　　PPSh-41 冲锋枪，又称"波波莎"（Pah-Pah-sha）冲锋枪，是二战期间苏联生产数量最多的武器，也是苏军步兵标志性装备之一，到战争结束时已有约 600 万支交付部队使用。二战后，PPSh-41 冲锋枪在许多武装冲突也曾大量出现。

基本参数	
口径：	7.62 毫米
全长：	843 毫米
枪管长：	269 毫米
空枪重量：	3.63 千克
有效射程：	150～250 米
射速：	700～1000 发/分
枪口初速：	488 米/秒
弹容量：	35/71 发

PPSh-41 冲锋枪分解图

PPSh-41 冲锋枪

　　PPSh-41 冲锋枪的设计以适合大规模生产与结实耐用为首要目标，对成本则未提出过高要求，因此 PPSh-41 上出现了木制枪托枪身。沉重的木质枪托和枪身使 PPSh-41 的重心后移，从而保证枪身的平衡性，而且可以像步枪一样用于格斗，同时还特别适合在高寒环境下握持。

使用弹匣的 PPSh-41 冲锋枪

使用鼓式弹夹的 PPSh-41 冲锋枪

现代射击爱好者使用 PPSh-41 冲锋枪

苏联 / 俄罗斯 PP-91 冲锋枪

PP-91 冲锋枪是由苏联枪械设计师叶夫根尼·德拉贡诺夫（Yevgeny Dragunov）设计的，具有体积小、重量轻、易携带等特色，1994 年开始装备部队，截至 2021 年仍未退役。

PP-91 冲锋枪结构非常紧凑，重量较轻，其射速是每分钟 800 发，使用 PM 手枪弹。由于 PM 手枪弹很轻，在持续射击时很容易控制，因此 PP-91 冲锋枪很适合在逐屋清除的室内行动中使用。当需要安装消声器时，PP-91 冲锋枪需要更换上一种外表有螺纹的短枪管，安装消声器后全枪长度增加了 137 毫米。

基本参数	
口径：9 毫米	
全长：530 毫米	
枪管长：120 毫米	
空枪重量：1.57 千克	
有效射程：70 米	
射速：800 发/分	
枪口初速：310 米/秒	
弹容量：20/30 发	

PP-91 冲锋枪分解图

PP-91 冲锋枪枪托特写

展会中的 PP-91 冲锋枪

PP-91 冲锋枪与弹匣

德国 HK MP5 冲锋枪

MP5 冲锋枪是由德国 HK 公司设计生产的最著名及制造量最多的枪械产品，是世界各国特种部队必备装备之一，几乎成了反恐特种部队的标志。此外，多国的军队、保安部队和警队都将其作为制式枪械使用，因此该枪具有极高的知名度。

MP5 冲锋枪示意图

基本参数	
口径：9毫米	全长：680毫米
枪管长：225毫米	空枪重量：2.54千克
有效射程：200米	射速：800发/分
枪口初速：375米/秒	
弹容量：15/30/100发（弹鼓）	

20 世纪 60 年代，冲锋枪普遍采用自由后坐式，以便于大量生产，但由于枪机品质较差，射击时枪口跳动较大，准确性不佳。而 MP5 冲锋枪采用结构复杂的闭锁枪机，且采用传统滚柱闭锁机构来延迟开锁，射击时枪口跳动较小，准确性大大提高。

【战地花絮】

1977 年 10 月 17 日，德国边防军第九大队（GSG-9）在摩加迪沙反劫机行动中使用了 MP5 冲锋枪，4 名恐怖分了均被击中，3 人当即死亡，1 人重伤，人质获救。至此，MP5 冲锋枪在近距离内的命中精度得到证明。

法国特种部队使用 MP5 冲锋枪

智利海军特种部队使用 MP5 冲锋枪

德国 MP40 冲锋枪

　　MP40 冲锋枪是二战期间德国军队使用最广泛、性能最优良的冲锋枪，发射 9 毫米口径鲁格弹，以直形弹匣供弹，采用开放式枪机原理、圆管状机匣，移除枪身上传统的木制组件，握把及护木均为塑料。该枪的折叠式枪托使用钢管制成，可以向前折叠到机匣下方，以便于携带，枪管底部设计有钩状座，以便于枪械能够固定在装甲车的射击孔上。

基本参数			
口径：9毫米		全长：833毫米	
枪管长：251毫米		空枪重量：4千克	
有效射程：100米		射速：500发/分	
枪口初速：380米/秒		弹容量：32发	

MP40 冲锋枪分解图

　　早在一战时德国就拥有实用性冲锋枪——MP18 冲锋枪，但该枪的保险机构并不完善，受到大振动时较容易走火。20世纪 30 年代，枪械设计师海因里希·沃尔默（Heinrich Vollmer）以 MP18 冲锋枪为基础，对它的保险机构以及机匣等部件做了优良改进，1938 年，这种改进后的冲锋枪被命名为 MP38。二战开始后，为了能满足德军对冲锋枪的需求，海因里希·沃尔默又对 MP38 冲锋枪做了进一步改进，此次改进主要是简化枪械机构和生产工艺，便于大量生产，这种改进后的冲锋枪被命名为 MP40。

黑色涂装的 MP40 冲锋枪

博物馆中的 MP40 冲锋枪

德军服饰与 MP40 冲锋枪

英国斯特林冲锋枪

斯特林冲锋枪是由英国斯特林军备公司（Sterling Armament Company）生产的，由于性能优异，被多国的军队、保安部队和警队选择作为制式枪械使用。

斯特林冲锋枪大量采用冲压件，同时广泛采用铆接、焊接工艺，只有少量零件需要机加工，工艺性较好。该枪采用自由枪机式工作原理，开膛待击，前冲击发。使用侧向安装的 32 发双排双进弧形弹匣供弹，可选单、连发发射方式，枪托为金属冲压的下折式枪托，有独立的小握把。瞄准装置采用觇孔式照门和 L 形翻转表尺，瞄准基线比较长。

基本参数	
口径	9毫米
全长	686毫米
枪管长	196毫米
空枪重量	2.7千克
有效射程	50～100米
射速	550发/分
枪口初速	390米/秒
弹容量	34发

士兵正在使用斯特林冲锋枪进行射击训练

斯特林冲锋枪侧面特写

斯特林冲锋枪前方特写

英国斯登冲锋枪

斯登冲锋枪是英国在二战期间装备最多的武器之一，其特点是制造成本低，易于大量生产。

基本参数	
口径	9毫米
全长	760毫米
枪管长	196毫米
空枪重量	3180克
有效射程	100米
射速	500发/分
枪口初速	365米/秒
弹容量	32发

【战地花絮】

斯登冲锋枪虽然便宜，也从来没有子弹短缺的问题，却极易因供弹可靠性差而出现严重卡弹问题，命中率也不佳，甚至经常出现走火问题。因此许多前线士兵替它取了很多如"水管工人的杰作""伍尔沃思玩具枪"和"臭气枪(stench)"等恶毒的绰号。

斯登冲锋枪前侧方特写

斯登冲锋枪发射9×19毫米手枪子弹，采用简单的内部设计，横置式弹匣、开放式枪机、反冲作用原理，弹匣装上后可充当前握把。使用9毫米口径弹药的斯登冲锋枪在室内与壕沟战可以发挥持久火力，具备绝佳的灵活性。斯登冲锋枪的后坐力低使它在战场中移动攻击时非常有利。在近战中是一把优秀的武器，它是战争中许多突击队员的选择。

在博物馆参展的斯登冲锋枪

斯登冲锋枪不同视角特写

意大利伯莱塔 M12 冲锋枪

M12冲锋枪由意大利伯莱塔公司于1958年研制生产，推出后迅速成为意大利军队的制式武器，并被巴西和印度尼西亚特许生产和装备部队。

M12冲锋枪整体尺寸紧凑，容易隐藏和携带，设计紧凑，操作简单，性能可靠。它采用环包枪膛式设计，枪管内外经镀铬处理，长200毫米，其中150毫米是由枪机包覆，这种设计有助缩短整体长度。该枪可以全自动和单发射击，后照门可设定瞄准距离为100米或200米。此外，M12冲锋枪拥有手动扳机阻止装置，能自动令枪机停止在闭锁安全位置的按钮式枪机释放装置，以及必须在主握把下以中指完全地按实的手动安全装置。

M12冲锋枪射击测试

基本参数

口径：	9毫米
全长：	660毫米
枪管长：	180毫米
空枪重量：	3.48千克
有效射程：	200米
射速：	550发/分
枪口初速：	380米/秒
弹容量：	20/32/40发

美军士兵与M12冲锋枪

以色列乌兹冲锋枪

乌兹冲锋枪由以色列枪械设计师乌兹·盖尔（Uziel Gal）设计、IMI 公司生产，曾被许多国家的军队、特种部队、警队和执法机构采用。目前，以色列的常规部队已将乌兹冲锋枪除役，但特种部队仍在使用。

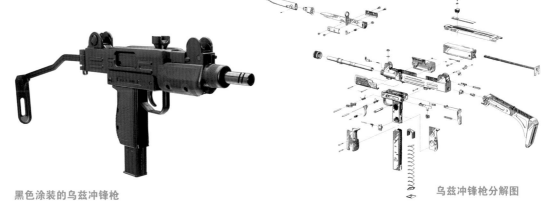

黑色涂装的乌兹冲锋枪

乌兹冲锋枪分解图

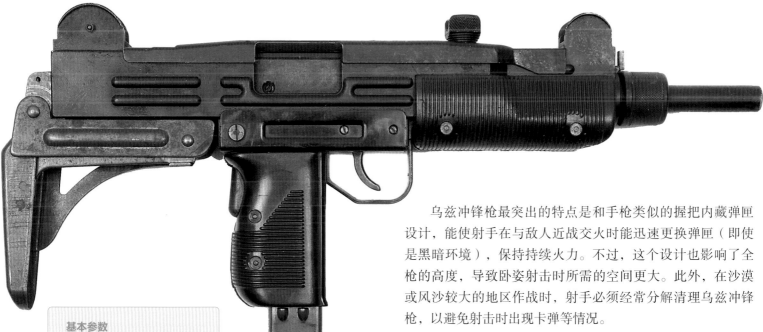

乌兹冲锋枪最突出的特点是和手枪类似的握把内藏弹匣设计，能使射手在与敌人近战交火时能迅速更换弹匣（即使是黑暗环境），保持持续火力。不过，这个设计也影响了全枪的高度，导致卧姿射击时所需的空间更大。此外，在沙漠或风沙较大的地区作战时，射手必须经常分解清理乌兹冲锋枪，以避免射击时出现卡弹等情况。

基本参数	
口径	9毫米
全长	650毫米
枪管长	260毫米
空枪重量	3.5千克
有效射程	120米
射速	600发/分
枪口初速	400米/秒
弹容量	20/32/40/50发

乌兹冲锋枪右侧方特写

尼日尔士兵用乌兹冲锋枪

2.3 突击步枪

美国 M1 "加兰德" 步枪

M1"加兰德"（Garand）是世上第一种大量服役的半自动步枪，也是二战中最著名的步枪之一。该枪于 1936 年正式定型并命名，1937 年投产并成为美军制式装备。

与同时代的手动后拉枪机式步枪相比，M1 步枪的射击速度有了质的提高，并有着不错的射击精度，在战场上可以起到很好的压制作用。

此外，该枪可靠性高，经久耐用，易于分解和清洁，在丛林、岛屿和沙漠等战场上都有出色的表现，被公认为是二战中最好的步枪之一。美军士兵非常喜爱 M1 步枪，部队报告称："M1 步枪受到了部队的好评。这一称赞不仅来自于陆军和海军陆战队，而且是来自美军全军的。"

基本参数	
口径：	7.62毫米
全长：	1100毫米
枪管长：	610毫米
空枪重量：	4.37千克
有效射程：	457米
射速：	40 ~ 50发/分
枪口初速：	853米/秒
弹容量：	8发

M1"加兰德"步枪与弹药

黑色涂装的 M1"加兰德"步枪

M1"加兰德"步枪分解图

现代射击爱好者使用 M1"加兰德"步枪

美国 M4 突击步枪

M4 突击步枪是 M16 突击步枪的"卡宾"版，是根据美国海军陆战队的需求而于 1983 年开始设计的，现由柯尔特公司生产。截至 2021 年，该枪有不少于 30 个国家的军警单位在使用。由于 M4 和 M16A2 非常相似，事实上它们有 80% 的零件可以互换，因此最初也称为 M16A2 卡宾枪。

M4 突击步枪首先装备美军第 82 空降师，用于取替 M16A1/A2 步枪、M3A1 冲锋枪和车辆驾驶员使用的部分 9 毫米手枪，1994 年正式列装。之后由于在实战中的优秀表现，加上因体积小、精度高、火力猛，所以迅速成为许多特种部队主战装备。不过，在相对缺乏重火力支援的轻装步兵中，M4 突击步枪却因为射程相对较近，所以只能进行辅助射击。另外，该枪通常会与 M203 榴弹发射器配套使用。

基本参数	
口径：5.56 毫米	
全长：838 毫米	
枪管长：370 毫米	
空枪重量：2.88 千克	
有效射程：400 米	
射速：700 ~ 950 发/分	
枪口初速：910 米/秒	
弹容量：20/30 发	

M4 突击步枪

安装战术工具的 M4 突击步枪

美军士兵使用 M4 突击步枪

美国 M16 突击步枪

M16 是由美国著名枪械设计师尤金·斯通纳（Eugene Stoner）设计的一款突击步枪，是美国最优秀的突击步枪之一，自 1967 年以来为美国陆军使用的主要步兵轻武器，也被北约15 个国家使用，更是同口径枪械中生产最多的一个型号。

M16 突击步枪与其配件

M16A1

M16A2

M16A4

M16 突击步枪主要分成三代。第一代是 M16 和 M16A1，于 20 世纪 60 年代装备，使用美军 M193/M196 子弹，能够以半自动或者全自动模式射击。第二代是 M16A2，在 80 年代开始服役，使用比利时 M855/M856 子弹（5.56×45 毫米北约标准口径弹药）。第三代是 M16A4，成为美伊战争中美国海军陆战队的标准装备，也越来越多地取代了之前的 M16A2。

基本参数	
口径：	5.56毫米
全长：	986毫米
枪管长：	580毫米
空枪重量：	3.1千克
有效射程：	550米
射速：	700～950发/分
枪口初速：	975米/秒
弹容量：	20/30发

美国士兵使用 M16 A4 突击步枪进行射击

美国 AR-15 突击步枪

AR-15 突击步枪与其弹匣

AR-15 突击步枪模块化枪托

AR-15 是尤金·斯通纳研发的以弹匣供弹、具备半自动或全自动射击模式的突击步枪，由阿玛莱特（Armalite）公司生产，主要特征包括：小口径、精度高、初速高，合成的枪托以及握把不容易变形和破裂。

由于 AR-15 突击步枪采用模块化设计，因此多种配件的使用成为可能，并且带来维护方便的优点。其准星可以调整仰角，表尺可以调整风力修正量和射程，一系列的光学器件可以用来配合或者取代机械瞄具。另外，半自动型和全自动型号 AR-15 在外形上完全相同，只是全自动型号具有一个选择射击的旋转开关，可以让使用人员在三种设计模式中选择：安全、半自动以及依型号而定的全自动或三发连发，而半自动型号则只有安全和半自动两种模式可供选择。

基本参数	
口径：	5.56毫米
全长：	991毫米
枪管长：	508毫米
空枪重量：	3.9千克
有效射程：	550米
射速：	800发/分
枪口初速：	975米/秒
弹容量：	10/20/30发

黑色涂装的 AR-15 突击步枪

现代射击爱好者使用 AR-15 突击步枪射击

美国 AR-18 突击步枪

AR-18 是阿玛莱特公司于 1963 年由 AR-15 步枪改进而成的一款突击步枪，虽然未能成为任何一个国家的制式步枪，但其设计却对后来的许多突击步枪产生影响，例如英国的 SA80 和德国的 HK G36 等。

AR-18 突击步枪的结构与 M16 系列不同，虽然也采用了气体传动运作，但是以瓦斯筒承接瓦斯，然后推动连杆，将枪机往后推动完成枪机开锁、退抛壳与再进弹的程序动作。这个短行程活塞传动结构后来被许多新型步枪沿用，其优点就是可以延迟或者部分规避不良弹药在射击燃烧的时所形成的严重积碳。

基本参数	
口径：	5.56毫米
全长：	965毫米
枪管长：	457毫米
空枪重量：	3千克
有效射程：	500米
射速：	700～800发/分
枪口初速：	991米/秒
弹容量：	20/30/40发

折叠枪托后的 AR-18 突击步枪

安装刺刀的 AR-18 突击步枪

早期的 AR-18 突击步枪进行试射

美国 REC7 突击步枪

REC7 是在 M16 突击步枪和 M4 卡宾枪的基础上改进而成的突击步枪，由巴雷特枪械公司（Barrett Firearms Manufacturing）生产。REC7 于 2004 年开始研发，并非是一支全新设计的突击步枪，只是用巴雷特枪械公司生产的一个上机匣搭配上普通 M4/M16 的下机匣而成，所以能够和 M4、M16 共用大多数零部件。

REC7 突击步枪采用了新的 6.8 毫米雷明顿 SPC 弹（6.8×43 毫米），其长度与美军正在使用的 5.56 毫米弹相近，因此可以直接套用美军现有的 STANAG 弹匣。6.8 毫米 SPC 弹在口径上较 5.56 毫米弹要大不少，装药量也更多，其停止作用和有效射程比后者要强 50% 以上，虽然枪口初速比 5.56 毫米弹稍低，但其枪口动能为 5.56 毫米弹的 1.5 倍。

基本参数	
口径	6.8毫米
全长	845毫米
枪管长	410毫米
空枪重量	3.46千克
有效射程	600米
射速	750发/分
枪口初速	810米/秒
弹容量	30发

在美军服役的 REC7 突击步枪　　　装有消声器的 REC7 突击步枪

苏联莫辛－纳甘 M1891/30 步枪

莫辛-纳甘（Mosin-Nagant）步枪诞生于沙皇俄国时期（1721～1917 年）。20 世纪 20 年代初期，苏联对莫辛－纳甘步枪进行了多次改进，1930 年它进行了一次最大的改进，并命名为 M1891/30 步枪。这款型号在二战爆发后成为苏军主力武器。二战后期，莫辛-纳甘 M1891/30 步枪显得过时了，但由于数量巨大，所以仍大量装备苏军。

基本参数	
口径	7.62毫米
全长	1306毫米
枪管长	800毫米
空枪重量	4.22千克
有效射程	500米
射速	12发/分
枪口初速	860米/秒
弹容量	5发

莫辛-纳甘 M1891/30 步枪采用莫辛设计的 3 线弹仓式设计，同时采用纳甘设计的快速填装弹弹夹。20 世纪 30 年代，苏联对其实施了一系列改进，推出了适用于骑兵的步枪、卡宾枪及加装瞄准镜的狙击步枪等版本，并为其设计了一系列的枪榴弹，以符合当时潮流。莫辛-纳甘 M1891/30 步枪的优点是易于生产、使用简单可靠，不需太多的维护，符合当时苏联工业基础差、军队士兵素质低的实际状况。

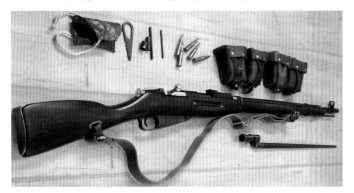

博物馆中的莫辛－纳甘 M1891/30 步枪

狙击版莫辛－纳甘 M1891/30 步枪

苏联 / 俄罗斯 AK-47 突击步枪

AK-47 为米哈伊尔·季莫费耶维奇·卡拉什尼科夫（Mikhail Kalashnikov）设计的突击步枪，是世界上最著名的步枪之一，制造数量（超过 1 亿支）极为惊人。该枪在 1947 年定为苏军制式装备，1949 年最终定型并投入批量生产。

基本参数	
口径：7.62毫米	
全长：870毫米	
枪管长：415毫米	
空枪重量：4.3千克	
有效射程：300米	
射速：600发/分	
枪口初速：710米/秒	
弹容量：30发	

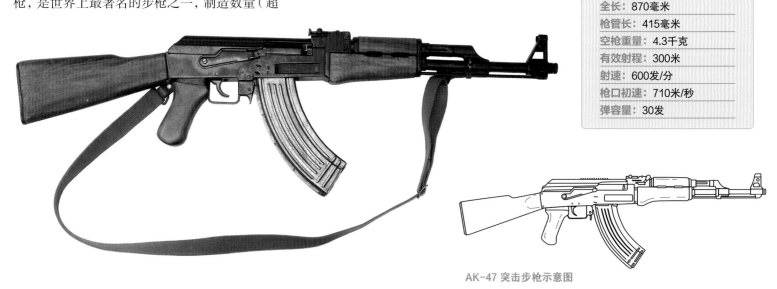

AK-47 突击步枪示意图

从诞生至今，世界上至少有 80 个国家装备 AK-47 系列突击步枪，并有许多国家进行了仿制或特许生产。它是全球局部战争中使用人数最多的武器，几乎遍布世界各地，目前仍有不少国家使用。在沙漠、热带雨林、严寒等极度恶劣的环境下，AK-47 仍能保持相当好的效能。此外，该枪结构简单，易于分解、清洁和维修。其缺点是全自动射击时枪口上扬严重，枪机框后坐时撞击机匣底，机匣盖的设计导致瞄准基线较短，瞄准具不理想，导致射击精度较差，特别是 300 米以外难以准确射击，连发射击精度更低。

AK-47 突击步枪与其弹匣

卡拉什尼科夫与 AK-47 突击步枪

AK-47 突击步枪平躺图

苏联 / 俄罗斯 AK-74 突击步枪

AK-74 是卡拉什尼科夫设计的一款突击步枪。20 世纪 60 年代，由于当时美国 M16 突击步枪的成功，许多国家都纷纷研制小口径步枪。鉴于小口径枪弹的综合性能高于 7.62 毫米中间威力型弹，于是苏联也开始研制新型的小口径步枪弹及武器，AK-74 突击步枪因此而生。

相比 AK-47 而言，AK-74 的连发散布精度大大提高，不过单发精度仍然较低，而且枪口装置导致枪口焰比较明显，尤其是在黑暗中射击。但 AK-74 仍不失为一把优秀的突击步枪，它使用方便，未经过训练的人都能很轻松地进行全自动射击。时至今日，AK-74 已经服役近半个世纪，经受了阿富汗战争和车臣战争的实战考验。

俄罗斯海军步兵使用 AK-74 突击步枪

基本参数	
口径：5.45毫米	全长：943毫米
枪管长：415毫米	全枪重量：3.3千克
有效射程：500米	射速：650发/分
枪口初速：900米/秒	弹容量：20/30/45发

AK-74 突击步枪分解图

使用战术化 AK-74 突击步枪的俄罗斯特种兵

苏联 / 俄罗斯 AEK-971 突击步枪

20 世纪 70 年代初，为参加枪支设计竞赛并希望成为苏联的制式武器，科夫罗夫基础机械设计局（Kovrov Machinebuilding Plant）研制出了 AEK-971 突击步枪。经过测试，虽然 AEK-971 的性能要优于另外两款步枪，但苏联考虑到 AK 系列的声望，最终还是选择了 AK 系列。不过，目前该枪在俄罗斯一些特种部队中比较受欢迎。

初期的 AEK-971 突击步枪只有两种射击模式可选，即半自动和全自动。经过改进后，增加了 3 发点射模式。在全自动射击时，AEK-971 突击步枪比 AK-74 突击步枪的命中率提升了 15% ~ 20%，比 AN-94 突击步枪高出许多。此外，AEK-971 突击步枪的重量也比 AN-94 突击步枪要轻不少，维护费用及生产成本更加便宜。

基本参数	
口径：	5.56毫米
全长：	960毫米
枪管长：	420毫米
空枪重量：	3.3千克
有效射程：	400 米
射速：	900发/分
枪口初速：	880米/秒
弹容量：	30发

俄罗斯训练基地中的 AEK-971 突击步枪

加装红点瞄准镜的 AEK-971 突击步枪

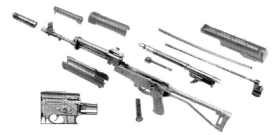

AEK-971 突击步枪分解图

俄罗斯 AK-12 突击步枪

AK-12 是卡拉什尼科夫集团针对 AK 枪族的常见缺陷而改进的现代化突击步枪，是 AK 枪族的最新成员，于 2010 年公开。

AK-12 以 AK-74 为基础，加上经过改进的外部设计，其中最大的改进是为在机匣盖后端和照门的位置增加了固定装置，

以便安装 MIL-STD-1913 战术导轨桥架后避免射击时跳动。此外，该枪的护木上也整合了战术导轨，以便能安装对应的多种模块化战术配件。AK-12 有许多结构和细节都进行了重新设计，虽然仍被称为卡拉什尼科夫系列自动步枪，但实际上的设计已经与卡拉什尼科夫步枪迥异了。

基本参数	
口径：5.45毫米	
全长：945毫米	
枪管长：415毫米	
全枪重量：3.3千克	
有效射程：800米	
射速：600发/分	
枪口初速：900米/秒	
弹容量：30/60/100发	

AK-12 突击步枪分解图

AK-12 突击步枪射击测试

俄罗斯士兵使用 AK-12 突击步枪

在 AK 家族中，除了上述几款主打产品之外，还有许多衍生型号，下面仅介绍几种较为知名的型号。

AKM 突击步枪

AKM 的突出特点是用冲铆机匣代替 AK-47 的铣削机匣，不仅大大降低了生产成本，而且减轻了重量。由于采用了许多新技术，改善了不少 AK 系列的固有缺陷，AKM 比 AK-47 更实用，更符合现代突击步枪的要求。

AK-101 突击步枪

AK-101 与 AK-74 较为相似，采用现代化的复合工程塑料技术，装有 415 毫米枪管、AK-74 式枪口制退器，机匣左侧装有瞄准镜座，可加装瞄准镜及榴弹发射器，但发射 5.56×45 毫米弹药，配备黑色塑料 30 发弹匣及塑料折叠枪托。

AK-103 突击步枪

AK-103 主要为出口市场而设计，拥有数量庞大的用户，其中包括俄罗斯军队，不过目前只是少量装备。该枪最大的用户是委内瑞拉，该国于 2005 年 5 月与俄罗斯签下合同，购买 10 万支 AK-103 作为制式突击步枪，以取代 1953 年开始装备的 FN FAL 突击步枪。

AK-104 突击步枪

AK-104 主要装备俄罗斯内务部队和部分军方特种部队，主要是替代 AKS-74U 和解决狭小空间及城市内特种作战的武器选择。AK-104 出口的数量也相当多，包括也门、不丹和委内瑞拉等。

俄罗斯 AN-94 突击步枪

AN-94 是俄罗斯现役现代化小口径突击步枪，于 1994 年开始设计，1997 年 5 月 14 日正式列装。

AN-94 的精准度极高，在 100 米距离上站姿无依托连发射击时，头两发弹着点距离不到 2 厘米，远胜于 SVD 狙击步枪发射专用狙击弹的效果，甚至不逊于以高精度著称的 SV98 狙击步枪。但现代战争中突击步枪多用于火力压制，AN-94 与 AK-74 所发挥的作用并没有太多差别。尽管 AN-94 的内部结构精细，但外表处理比较粗糙，容易磨破衣服或擦伤皮肤。此外，由于俄罗斯士兵长久以来习惯使用 AK 系列步枪，风格迥异的 AN-94 让他们需要很长时间才能熟悉。

AN-94 突击步枪射击测试

基本参数	
口径：5.45毫米	
全长：943毫米	
枪管长：405毫米	
空枪重量：3.85千克	
有效射程：700米	
射速：600发/分	
枪口初速：900米/秒	
弹容量：30/45/60发	

装有 GP-25 榴弹发射器与 Kobra 红点镜的 AN-94 突击步枪

AN-94 突击步枪分解图

俄罗斯 SR-3 突击步枪

　　SR-3 是由俄罗斯图拉兵工厂生产的一款紧凑型突击步枪，发射 9×39 毫米亚音速步枪弹。从 1996 年至今，该枪在俄罗斯多支特种部队服役，其中包括"阿尔法"特种部队、"信号旗"特种部队等。

　　SR-3 突击步枪发射 9×39 毫米亚音速步枪弹，原本配备 10 发和 20 发可拆卸式弹匣，后来根据用户要求又研制了容量更大的新型 30 发聚合物制或钢制可拆卸式弹匣。由于该枪的瞄准基线过短，且亚音速子弹的飞行轨弯曲度太大，所以它的有效射程仅为 200 米。不过，这种 9×39 毫米亚音速步枪弹的贯穿力还是比冲锋枪和短枪管卡宾枪强上许多，能在 200 米距离上贯穿 8 毫米厚的钢板。

装备 SR-3 突击步枪的"阿尔法"特种部队

基本参数	
口径：	9毫米
全长：	610毫米
枪管长：	156毫米
全枪重量：	2千克
有效射程：	200米
射速：	900发/分
枪口初速：	295米/秒
弹容量：	10/20/30发

SR-3 突击步枪分解图

展会中的 SR-3 突击步枪

法国 FAMAS 突击步枪

FAMAS 是由枪械设计师保罗·泰尔（Paul Tellie）设计的一款无托突击步枪，是法国军队及警队的制式突击步枪，也是著名的无托式步枪之一。

FAMAS 突击步枪采用无托式设计，具有短小精悍的特点，弹匣置于扳机的后方，机匣覆盖有塑料。该枪有全自动、单发及安全三种保险模式，选择钮在弹匣后方。此外，还有一些 FAMAS 加入了三发点射模式。所有的 FAMAS 突击步枪都配有两脚架，以提高射击精度。握把中还可以存放装润滑液的塑料瓶，可通过握把底部的活门放入或拿出。

基本参数	
口径：	5.56毫米
全长：	757毫米
枪管长：	488毫米
全枪重量：	3.8千克
有效射程：	450米
射速：	1100发/分
枪口初速：	925米/秒
弹容量：	25发

搭在两脚架上的 FAMAS 突击步枪

安装瞄准镜的 FAMAS 突击步枪

使用 FAMAS 突击步枪的法国士兵

FAMAS 突击步枪示意图

奥地利施泰尔 AUG 突击步枪

AUG（Armee-Universal-Gewehr 的缩写，意为陆军通用步枪）是由奥地利施泰尔公司生产的一款无托突击步枪，是 20 世纪 70 ~ 80 年代少数拥有模组化设计的步枪，其枪管可快速拆卸，并可与枪族中的长管、短管、重管互换使用。

AUG 突击步枪采用无托结构，整枪长度在不影响弹道表现下缩短了约 25%，并在大多数枪型上装配了 1.5 倍光学瞄准镜。该枪的弹匣为半透明式，以方便射手快速检视弹匣内子弹存量。现在，AUG 已经成为世界知名的无托突击步枪，施泰尔公司除原装生产外，还将生产权授予其他国家，例如马来西亚的 SME 工厂在 1991 年获施泰尔公司授权生产 AUG，并在 2004 年跟施泰尔公司共同生产。

基本参数	
口径：5.56毫米	
全长：790毫米	
枪管长：508毫米	
全枪重量：3.6千克	
有效射程：500米	
射速：680~800发/分	
枪口初速：970米/秒	
弹容量：30发	

AUG 突击步枪示意图

使用 AUG 突击步枪训练的奥地利士兵

加装各种战术用具的 AUG 突击步枪

在野外战斗的奥地利士兵与 AUG 突击步枪

德国 StG44 突击步枪

StG44（Sturmgewehr 44）是德国在二战期间研制的突击步枪，也是第一种使用中间型威力枪弹并大规模装备的自动步枪。从某种角度上来说，该枪是突击步枪的鼻祖，是现代步兵史上划时代的成就之一。

StG44 突击步枪是德军在 MP40 冲锋枪和 MG42 通用机枪之后的又一款划时代的经典之作。其使用的中间型威力枪弹和突击步枪的概念，对轻武器的发展有着非常重要的影响。自该枪诞生之后，许多自动步枪都开始使用短药筒弹药，并逐渐取代老式步枪。StG44 突击步枪在二战中没有发挥多大作用，到二战结束之后，StG44 突击步枪由于自身性能的局限，很快就退出了历史舞台。

StG44 突击步枪分解图

基本参数	
口径：7.92毫米	
全长：940毫米	
枪管长：419毫米	
空枪重量：4.62千克	
有效射程：300米	
射速：550~600发/分	
枪口初速：685米/秒	
弹容量：30发	

德军士兵与 StG44 突击步枪

从上往下依次为 M1 "加兰德" 半自动步枪、PPSh-41 冲锋枪和 StG44 突击步枪

警务人员正在使用 StG44 突击步枪

德国 HK G36 突击步枪

G36 是由 HK 公司设计生产的一款突击步枪，自 1997 年以来一直是德国国防军的制式武器，其他一些国家及地区的军队及警察也都有装备。此外，在沙特阿拉伯还获授权生产。

G36 突击步枪发射 5.56×45 毫米北约标准口径弹药，精确度较佳，从 100 米外以半自动模式快速射击，弹着点的圆概率误差分布在 5.08 ~ 6.35 厘米之间。射击模式有单发、2 发点射、3 发点射和全自动发射，取决于不同型号的扳机组，配备 30 发透明塑料弹匣，弹匣上附有弹匣连接扣，也能对应专用的 Beta C-Mag100 发弹鼓。

基本参数	
口径：	5.56毫米
全长：	999毫米
枪管长：	480毫米
空枪重量：	3.63千克
有效射程：	800米
射速：	750发/分
枪口初速：	920米/秒
弹容量：	30/100发（弹鼓）

G36 突击步枪分解示意图

拉脱维亚士兵与 G36 突击步枪

德军士兵与 G36 突击步枪

使用 G36 突击步枪的西班牙特种部队

德国 HK416 突击步枪

HK416 是 HK 公司生产的一款突击步枪，是以 G36 突击步枪的气动系统和 M4 突击步枪的部分设计重新改造而成的，现已成为完整的突击步枪推出，目前主要用在德国 GSG-9 特种部队、澳大利亚特别空勤团和巴西联邦警察等。

为全面提高武器在恶劣条件下的可靠性、全枪寿命以及安全性，HK416 的枪管采用了冷锻成型工艺。优质的钢材以及先进的加工工艺，使得 HK416 的枪管寿命超过 2 万发。此外，HK 公司还新研制了可靠性更高的弹匣以及后坐缓冲装置，使该枪的可靠性和精准性获得大幅提升。

基本参数	
口径：	5.56毫米
全长：	797毫米
枪管长：	264毫米
空枪重量：	3.02千克
有效射程：	850米
射速：	700～900发/分
枪口初速：	788米/秒
弹容量：	20/30发

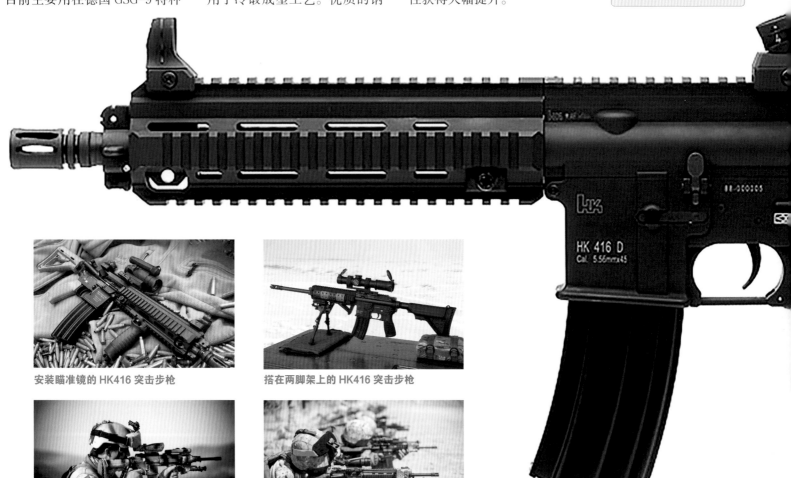

安装瞄准镜的 HK416 突击步枪

搭在两脚架上的 HK416 突击步枪

挪威士兵使用 HK416 突击步枪

改装成轻机枪的 HK416 突击步枪

德国 HK G3 突击步枪

G3 突击步枪是德国 HK 公司于 20 世纪 50 年代研制的，1997 年被 G36 突击步枪取代。该枪曾被世界上 80 多个国家使用，其中有 10 多个国家获得特许生产权。虽然 70 年代吹起一股换装小口径步枪的风潮，不过现在仍有 40 多个国家持续使用 G3 突击步枪。

基本参数

基本参数	
口径：	7.62毫米
全长：	1026毫米
枪管长：	450毫米
空枪重量：	4.41千克
有效射程：	700米
射速：	600发/分
枪口初速：	800米/秒
弹容量：	5/10/20发

土耳其士兵使用 G3 突击步枪

G3 突击步枪采用半自由枪机式工作原理，零部件大多是冲压件，机加工件较少。机匣为冲压件，两侧压有凹槽，起导引枪机和固定枪尾套的作用。枪管装于机匣之中，并位于机匣的管状节套的下方。管状节套点焊在机匣上，里面容纳装填杆和枪机的前伸部。装填拉柄在管状节套左侧的导槽中运动，待发时可由横槽固定。发射机构是一个独立的组合件，用连接销固定在机匣上。

G3 突击步枪分解示意图

装备 G3 突击步枪的沙特阿拉伯士兵

比利时 FN F2000 突击步枪

F2000 突击步枪由 FN 公司研制，自 2001 年以来已被不少国家的特种部队采用。该枪在成本、工艺性及人机工程学等方面苦下功夫，不但很好地控制了质量，而且平衡性也很优秀，非常易于携带、握持和使用，同样也便于左撇子射手使用。

F2000 采用无托结构，虽然有 400 毫米长的枪管，但全长仅 688 毫米。此外，F2000 还默认使用 1.6 倍瞄准镜，在加装专用的榴弹发射器后，也可换装具测距及计算弹着点的专用火控系统。它的附件包括可折叠的两脚架及可选用的装手枪口上的刺刀卡笋，而且还可根据实际需求在 M1913 导轨上安装夜视瞄具。

基本参数	
口径：5.56毫米	
全长：688毫米	
枪管长：400毫米	
空枪重量：3.6千克	
有效射程：500米	
射速：850发/分	
枪口初速：910米/秒	
弹容量：30发	

F2000 突击步枪示意图

黑色涂装的 F2000 突击步枪

巴基斯坦空军装备 F2000 突击步枪训练

F2000 突击步枪射击测试

比利时 FN SCAR 突击步枪

SCAR 突击步枪是由 FN 公司设计生产的,于 2007 年 7 月开始小批量量产,并有限配发给军队使用。该枪有两种版本:L 型（Light, SCAR-L, Mk 16 Mod 0 ）和 H 型（Heavy, SCAR-H, Mk 17 Mod 0 ）。

基本参数

口径:	7.62毫米
全长:	965毫米
枪管长:	400毫米
空枪重量:	3.26千克
有效射程:	600米
射速:	600发/分
枪口初速:	714米/秒
弹容量:	20发

L 型 SCAR 突击步枪

SCAR 突击步枪示意图

L 型发射 5.56×45 毫米北约弹药,使用类似于 M16 的弹匣,只不过是钢材制造,虽然比 M16 的塑料弹匣更重,但是强度更高,可靠性也更好。H 型发射威力更大的 7.62×51 毫米北约弹药,使用 FN FAL 的 20 发弹匣,不同枪管长度可以用于不同的模式。SCAR 特征为从头到尾不间断的战术导轨在铝制外壳的正上方排开,两个可拆式导轨在侧面,下方还可加挂任何 MIL-STD-1913 标准的相容配件,握把部分和 M16 用的握把可互换,前准星可以折下,不会挡到瞄准镜或是光学瞄准器。

安装两脚架的 SCAR 突击步枪（L 型）

射击中的 SCAR 突击步枪

美国"海豹"突击队使用 SCAR 突击步枪（H 型）

比利时 FN FNC 突击步枪

　　FNC 突击步枪是由 FN 公司设计生产的，于1979年5月开始投入批量生产。除比利时外，印度尼西亚、尼日利亚、瑞典、扎伊尔等国家都装备有此枪。

　　FNC 突击步枪的枪管用高级优质钢制成，内膛精锻成型，故强度、硬度、韧性较好，耐蚀抗磨。其前部有一圆形套筒，除可用于消焰外，还可发射枪榴弹。在供弹方面弹匣，FNC 突击步枪采用30发 STANAG 标准弹匣。击发系统与其他现代小口径突击步枪相似，有半自动、三点发和全自动三种发射方式。枪口部有特殊的刺刀座，以便安装美国 M7 式刺刀。

FNC 突击步枪示意图

基本参数	
口径：5.56毫米	
全长：997毫米	
枪管长：450毫米	
空枪重量：3.8千克	
有效射程：450米	
射速：700发/分	
枪口初速：965米/秒	
弹容量：30发	

泥地中的 FNC 突击步枪

训练基地中的 FNC 突击步枪

比利时士兵与 FNC 突击步枪

瑞士 SIG SG 550 突击步枪

　　SG 550 是由瑞士 SIG 公司于20世纪70年代研制的突击步枪，是瑞士陆军的制式步枪，也是世界上最精确的突击步枪之一。

SG 550 突击步枪分解图

SG 550采用导气式自动方式，子弹发射时的气体不是直接进入导气管，而是通过导气箍上的小孔，进入活塞头上面弯成90度的管道内，然后继续向前，抵靠在导气管塞子上，借助反作用力使活塞和枪机后退而开锁。SG 550大量采用冲压件和合成材料，大大减小了全枪重量。枪管用镍铬钢锤锻而成，枪管壁很厚，没有镀铬。消焰器长22毫米，其上可安装新型刺刀。标准型的SG 550有两脚架，以提高射击的稳定性。

基本参数	
口径：5.56毫米	
全长：998毫米	
枪管长：528毫米	
空枪重量：4.05千克	
有效射程：400米	
射速：700发/分	
枪口初速：905米/秒	
弹容量：5/10/20/30发	

手持SG 550突击步枪的瑞士士兵

搭在两脚架上的SG 550突击步枪

以色列加利尔突击步枪

加利尔（Galil）突击步枪是以色列IMI公司于20世纪60年代末研制，有5.56×45毫米和7.62×51毫米两种口径，其中5.56×45毫米型为突击步枪，7.62毫米是自动步枪。

加利尔突击步枪采用低成本的金属冲压方式生产，但由于5.56×45毫米弹药的膛压较高，所以又将生产方式改为较沉重的铣削，这使得它相比同口径的步枪要偏重一些。机匣内部的转栓式枪机的两个锁耳可以令加利尔突击步枪的膛室进入闭锁状态。该枪的击发和发射机构与M1"加兰德"半自动步枪基本相同，击锤上有2个钩，扳机连杆带动2个阻铁，即第一阻铁（击发阻铁）和第二阻铁（单发阻铁）。

装备了加利尔突击步枪的爱沙尼亚士兵

加利尔突击步枪分解图

基本参数			
口径：7.62毫米		全长：1112毫米	
枪管长：509毫米		空枪重量：7.65千克	
有效射程：600米		射速：600发/分	
枪口初速：950米/秒		弹容量：25发	

加利尔突击步枪前侧方特写

阿根廷 FARA-83 突击步枪

FARA-83 是阿根廷于 20 世纪 80 年代研发并装备的突击步枪，截至 2021 年仍是阿根廷军队的制式步枪之一。80 年代末期，由于经济原因，一些武器项目被取消，其中就包括 FARA-83 突击步枪。此外，

由于多间兵工厂被迫倒闭，导致 FARA-83 只生产了不到 1200 支就暂停生产，之后虽然又于 1990 年恢复生产，但实际生产数量不明。

FARA-83 突击步枪的设计受到了以色列加利尔突击步枪的影响，它与加利尔一样采用了折叠式枪托，并有一个用于弱光环境的氚光瞄准镜。早期型 FARA-83 使用伯莱塔 AR70 突击步枪的 30 发弹匣，并具有一个可切换为半自动或全自动射击的扳机组。

基本参数	
口径：5.56毫米	
全长：1000毫米	
枪管长：452毫米	
空枪重量：3.95千克	
有效射程：300~500米	
射速：750发/分	
枪口初速：980米/秒	
弹容量：30发	

FARA-83 突击步枪分解图

搭在两脚上的 FARA-83 突击步枪

黑色涂装的 FARA-83 突击步枪

装备 FARA-83 突击步枪的士兵

英国 SA80 突击步枪

SA80 是一款采用 5.56×45 毫米北约弹药的英国无托结构突击步枪，英军命名为 L85。该枪在 1985 年正式列装英国陆军、海军和空军，用以取代 7.62 毫米 L1A1 自动步枪和 9 毫米斯特林冲锋枪。

基本参数			
口径：5.56毫米		全长：785毫米	
枪管长：518毫米		空枪重量：3.82千克	
有效射程：650米		射速：775发/分	
枪口初速：940米/秒		弹容量：30发	

美国海军陆战队使用 SA80 突击步枪

英军士兵使用 SA80 突击步枪

SA80 突击步枪示意图

SA80 突击步枪枪管下方附有双脚架，枪托下方也多设有一个握把，且枪托底板有一肩膀固定夹的设计，以保持该枪在连续射击时的稳定性。另外值得一提的是，SA80/L85 早期型存在严重卡壳、双重进弹、甚至彻底卡死的问题。此外常见的状况还有枪托破裂、弹匣经常脱落、撞针松脱或弹力不足等。后来改良为 L85A1 后并使用专用弹也未能解决卡壳问题，就算是德国 HK 公司投入巨资改良为 L85A2 后，其性能依然被一致恶评。尽管如此，L85A2 仍服役至今。

荷兰海军陆战队使用 SA80 突击步枪

瑞典 AK 5 突击步枪

AK 5 是瑞典以 FN FNC 突击步枪为蓝本改进而成的突击步枪，为瑞典军队的制式步枪。

AK 5 突击步枪与 FN FNC 突击步枪的内部设计相同，采用 30 发容量的 STANAG 弹匣（M16 标准弹匣），有半自动及全自动两种发射模式，且所有的衍生型号都能安装 M203 榴弹发射器。其导气系统基于 AK-47 改进而成，但比 AK-47 更为现代化。

基本参数	
口径：	5.56毫米
全长：	1010毫米
枪管长：	600毫米
空枪重量：	3.9千克
有效射程：	400米
射速：	700发/分
枪口初速：	930米/秒
弹容量：	30发

杂草中的 AK 5 突击步枪

AK 5 突击步枪与其弹药

南非 CR-21 突击步枪

CR-21 是一款南非生产的无托结构突击步枪，CR-21 意为 "Compact Rifle – 21st Century"（21 世纪紧凑型突击步枪）。除了南非本国使用外，CR-21 突击步枪还计划出口到其他国家，但截至 2021 年只成功出口到委内瑞拉一国。

早在 1972 年，南非就向 IMI 公司购买了加利尔突击步枪的特许生产证，之后由丹尼尔集团旗下的维克多武器公司对其进行改良，形成了 R4 系列步枪。20 世纪 90 年代初，南非军队认为 R4 系列步枪太长，开始寻找新型制式步枪，因此维克多公司将 R4 改为无托结构设计，其结果就是 CR-21 突击步枪。CR-21 的枪身由高弹性黑色聚合物模压成型，左右两侧在模压成型后，经高频焊接成整体。它可使用 5 发、10 发、15 发、20 发、30 发和 35 发几种专用可拆式弹匣，也可以使用加利尔突击步枪和 R4 步枪的 35 发和 50 发弹匣。

草地上的 CR-21 突击步枪

基本参数	
口径：	5.56毫米
全长：	760毫米
枪管长：	460毫米
空枪重量：	3.72千克
有效射程：	600米
射速：	750发/分
枪口初速：	980米/秒
弹容量：	5/10/15/20/30/35/50发

南非 R-4 突击步枪

R-4 是南非于 20 世纪 80 年代在以色列加利尔突击步枪的基础上改良而成的一款突击步枪，主要由利特尔顿兵工厂生产，但该兵工厂又因各种原因而停产，于是转由维克多公司继续生产。R-4 突击步枪主要装备南非国防军，在安哥拉内战中的南非军队亦有采用。

R-4 保留了 AK-47 优良的短冲程活塞传动式、转动式枪机，并采用加利尔的握把式射击模式选择钮和机匣上方的后照门以及 L 型拉机柄，还使用了更加轻便的塑料护木。

AK 5 突击步枪特写

基本参数
口径：5.56毫米
全长：740毫米
枪管长：460毫米
空枪重量：4.3千克
有效射程：500米
射速：600~750发/分
枪口初速：980米/秒
弹容量：35/50发

南非士兵正在使用 R-4 突击步枪

搭在两脚架上的 R-4 突击步枪

士兵使用 R-4 突击步枪对目标进行射击

2.4 狙击步枪

美国巴雷特 M82 狙击步枪

M82 是由美国巴雷特（Barrett）公司设计生产的一款重型特殊用途狙击步枪，是一款地地道道大口径、大威力狙击步枪，西方国家的军队几乎都有使用它，包括美军特种部队。它在美军昵称"轻50"（Light Fifty），因为其使用勃朗宁 M2 重机枪的大口径12.7×99 NATO(.50 BMG, 12.7毫米)弹药。

基本参数	
口径：12.7毫米	全长：1219毫米
枪管长：508毫米	空枪重量：14千克
有效射程：1850米	枪口初速：853米/秒
弹容量：10发	

M82 具有 1850 米的有效射程，甚至有过 2500 米的命中纪录，超高动能搭配高能弹药，可以有效摧毁雷达站、卡车、战斗机（停放状态）等战略物资，因此也称为"反器材步枪"。除了军队以外，美国很多执法机关也钟爱此枪，包括纽约警察局，因为它可以迅速拦截车辆，一发子弹就能打坏汽车引擎，也能很快打穿砖墙和水泥，适合城市战斗。此外，美国海岸警卫队还使用 M82 进行反毒作战，有效打击了海岸附近的高速运毒小艇。

M82 狙击步枪前侧方特写

M82 狙击步枪射击测试

墨西哥士兵与 M82 狙击步枪

美国雷明顿 M40 狙击步枪

M40 是由美国雷明顿（Remington）公司设计生产的一款狙击步枪，于 1966 年开始装备美军，20 世纪 70 年代又出现了改进型 M40A1，改用玻璃纤维枪托及新式瞄准镜。M40A1 在 1980 年进行了重大改进，之后又陆续出现了 M40A3（2001 年）和 M40A5（2009 年）。

M40 最初采用重枪管和木制枪托，用弹仓供弹，弹仓为整体式。扳机护圈前边嵌有卡笋，用于分解枪机。弹仓底盖前部的卡笋则用于卸下托弹板和托弹簧。该枪装有永久固定式瞄准镜，放大率为 10 倍。1977 年的 M40A1 和 2001 年的 M40A3 将枪托材料换为玻璃纤维。M40A3 还在枪托中采用了可调贴腮板组件和后坐衬垫，提高了射手射击时的舒适度。

M82 狙击步枪示意图

基本参数	
口径：7.62毫米	全长：1117毫米
枪管长：610毫米	空枪重量：6.57千克
有效射程：900米	枪口初速：777米/秒
弹容量：3/4/5/6发	

M40A1 狙击步枪

美军士兵使用 M40A5 狙击步枪

M40 狙击步示意图

迷彩涂装的 M40A3 狙击步枪

美国 TAC-50 狙击步枪

为追求力与美的结合，20世纪80年代，美国麦克米兰（McMillan）公司推出了一款大口径、外形美观的反器材狙击步枪——TAC-50。该枪有着较高的设计精准度和较远的有效射程，目前在多国的特种部队中服役。

TAC-50 狙击步枪采用手动旋转后拉式枪机系统，装有比赛级浮置枪管，枪管表面刻有线坑以减轻重量，枪口装有高效能制动器以缓冲 12.7 毫米口径的强大后坐力，由可装 5 发子弹的可分离式弹仓供弹，采用麦克米兰玻璃纤维强化塑胶枪托，枪托前端装有两脚架，尾部装有特制橡胶缓冲垫，整个枪托尾部可以拆下以方便携带。

基本参数	
口径：	12.7毫米
全长：	1448毫米
枪管长：	736毫米
空枪重量：	11.8千克
有效射程：	2000米
枪口初速：	850米/秒
弹容量：	5发

TAC-50 狙击步枪示意图

士兵正在指导使用 TAC-50 狙击步枪

测试中的 TAC-50 狙击步枪

美军士兵使用 TAC-50 狙击步枪

美国 CheyTac M200 狙击步枪

进入 21 世纪后，包括激光测距仪、手提式气象及环境感应器组件、白天 / 黑夜的光学瞄准镜系统和先进的子弹弹道计算电脑等技术日益成熟，在此前提下，2001 年美国夏伊战术（CheyTac）公司推出了相应的狙击步枪——CheyTac M200 狙击步枪。

CheyTac M200 狙击步枪的枪口设有 PGRS-1 制动器并可装上消声器，握把上设有手指凹槽。由于 CheyTac M200 狙击步枪没有安装机械瞄具，所以必须利用机匣顶部的 MIL-STD-1913 战术导轨安装光学瞄准镜或夜视镜，而其他战术配件可于前端的战术导轨上安装。它的枪管为自由浮动式设计，只与机匣连接，且由圆柱形护木保护。枪管和枪机有凹槽以减少重量及提升张力，两者可以迅速更换或分解。

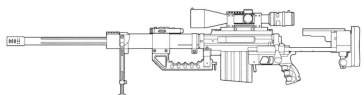

CheyTac M200 狙击步枪示意图

基本参数	
口径：10.36毫米	全长：1346.2毫米
枪管长：736.6毫米	空枪重量：14千克
有效射程：2000米	枪口初速：993米/秒
弹容量：7发	

CheyTac M200 狙击步枪正面

CheyTac M200 狙击步枪背面

CheyTac M200 狙击步枪测试

美国巴雷特 XM109 狙击步枪

XM109 是美国巴雷特公司于 21 世纪设计的一款狙击步枪（外形酷似缩小版 M82），主要用于反器材，可以充当榴弹发射器。它的口径达 25 毫米，威力巨大，称其为狙击炮也不为过。经过几次实战测试和改进后，XM109 狙击步枪逐渐完善，但最终未能量产。

XM109 狙击步枪的最大攻击距离可以达到 2000 米左右，其使用的 25 毫米大口径子弹（由"阿帕奇"武装直升机上 M789 机炮使用的 30 毫米高爆子弹改进而来）至少能够穿透 50 毫米厚的装甲钢板，可以轻松地摧毁包括轻装甲车辆和停止的飞机在内的各种敌方轻型装甲目标。毫不夸张地说，一支 XM109 狙击步枪几乎可以打乱或者打垮一个装甲排，甚至装甲连的进攻，但是 XM109 超过 20 千克的重量会大大影响到机动性，因此在实战中，XM109 的生存力相对来说也不会太高。

基本参数	
口径：	25毫米
全长：	1168毫米
枪管长：	447毫米
空枪重量：	20.9千克
有效射程：	2000米
枪口初速：	425米/秒
弹容量：	5发

XM109 狙击步枪示意图

XM109 狙击步枪侧面

XM109 狙击步枪特写

XM109 狙击步枪测试

美国 M25 狙击步枪

M25 是由美国陆军特种部队第 10 特种大队（10th Special Forces Group）设计的一款狙击步枪，1991 年开始装备部队，只有第 10 特种大队和"海豹"突击队使用。该枪能够准确地射击 500 米外的目标，也可以作为一种城市战的狙击步枪使用。

基本参数	
口径：	7.62毫米
全长：	1125毫米
枪管长：	639毫米
空枪重量：	4.9千克
有效射程：	900米
枪口初速：	800米/秒
弹容量：	10/20发

最早的 M25 狙击步枪的枪托内有一块钢垫，这个钢垫是让射手在枪托上拆卸或重新安装枪管后不需要给瞄准镜重新归零。但定型的 M25 取消了钢垫，而采用麦克米兰公司生产的 M3A 枪托。第 10 特种大队还为 M25 设计了一个消声器，使其在安装消声器后仍然维持有比较高的射击精度。

M25 狙击步枪特写

美军士兵使用 M25 狙击步枪

美国"风行者"M96 狙击步枪

"风行者"（Windrunner）M96 是由美国枪械设计师威廉·里奇（William Ritchie）设计的一款狙击步枪，主要被美国部分特种部队采用，此外，加拿大、土耳其等少数国家的特种部队也有使用。

"风行者"M96 狙击步枪利用较重的枪身和一个高效大型凹槽型枪口制动器以吸收大量的后坐力，使其后坐力变得非常温和。由于"风行者"M96 狙击步枪没有设置护木，为了避免两脚架的位置太靠后，因而将其安装在机匣下方、弹匣前方的向前伸出的导杆上。该枪的枪托为伸缩式设计，由塑料制成，有多个挡位可以调节。

基本参数			
口径：12.7毫米		全长：1270毫米	
枪管长：762毫米		空枪重量：15.42千克	
有效射程：1800米		枪口初速：853米/秒	
弹容量：5发			

【战地花絮】
　　2001 年，"风行者"M96 狙击步枪的生产公司 EDM 武器公司还将其品牌的机匣提供给美国夏伊战术公司（CheyTac），并且让后者研发 LRRS（远射程步枪系统）系列狙击步枪，CheyTac M200 狙击步枪就是其中之一。

"风行者"M96 狙击步枪射击测试

美国雷明顿 MSR 狙击步枪

MSR（全称为 Modular Sniper Rifle，意为模块化狙击步枪）是由美国雷明顿公司设计生产的一款狙击步枪，2013 年被美国特种作战司令部所采用，阿塞拜疆和巴基斯坦等国的特种部队、常规军队也有采用。

基本参数	
口径：	7.62/8.59毫米
全长：	1168毫米
枪管长：	508毫米
空枪重量：	7.71千克
有效射程：	1500米
枪口初速：	841.25米/秒
弹容量：	5/7/10发

英国 AW 狙击步枪

AW（Arctic Warfare 的缩写，意为北极作战）是由英国精密国际（Accuracy International，简称 AI）公司设计生产的一款狙击步枪，截至 2021 年仍在数十个国家的军队中服役。

AW 狙击步枪分解图

基本参数	
口径：	7.62毫米
全长：	1180毫米
枪管长：	660毫米
空枪重量：	6.5千克
有效射程：	800米
枪口初速：	850米/秒
弹容量：	10发

MSR 狙击步枪采用了模块化设计，整个系统都装在一个耐腐蚀的全铝合金制造的底座上，这个底座包括弹匣插座、击发机座和前托在内，钛合金制成的机匣安装在底座上。它的自由浮置式枪管的外表面有纵向长形凹槽，既能够减轻重量也增加了刚性，而且提高了散热效率，枪管精度寿命估计大于 2500 发。该枪具有多个枪背带环安装位置，前托带有大量散热孔，既减轻重量也能加快降温，前托为八角形设计，以螺丝从前托的顶部（6 颗）及其后端（2 颗）锁紧以包覆。

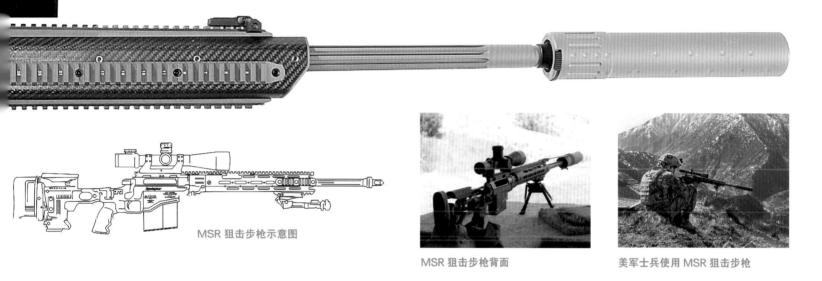

MSR 狙击步枪示意图

MSR 狙击步枪背面　　　　　　美军士兵使用 MSR 狙击步枪

AW 狙击步枪以人体工学为首要设计，握把位置和握持方式较为独特，射击时后坐力较低，令射手更为舒适，从而提高准确度；枪管可轻易更换以对应不同口径弹药，在作战时整个过程只需约 15 分钟；枪机和自由浮动式枪管由两块中空的聚合物料枪托包覆，这种设计令步枪能够长时间保持在归零后的状态。AW 狙击步枪枪机具有防冻功能，即使在零下 40 摄氏度的温度中仍能可靠地运作，而这一点也是英军特别要求的。事实上，"北极作战"的名称便源于其在严寒气候下良好的操作性。AW 能达到 0.75MOA 的精准度，据说在 550 米距离上发射船形尾比赛弹的散布直径能小于 51 毫米。

AW 狙击步枪侧面　　　　　测试中的 AW 狙击步枪　　　　AW 狙击步枪狙击双人组

英国 AW50 狙击步枪

　　AW50 狙击步枪是 AW 狙击步枪的反器材版本，是为了摧毁多种目标而设计的，发射 12.7×99 毫米大口径子弹，可有效摧毁例如雷达装置、轻型装甲车、船只、弹药库和油库等。

　　AW50 狙击步枪采用铝合金制造的机匣，有利于减轻全枪重量，机匣顶部设有 MIL-STD-1913 式瞄准镜导轨，用于安装光学瞄准镜等附件。机匣下方配备了 5 发可拆卸式弹匣，使 AW50 可以快速重新装填。弹匣表面经过阳极氧化处理，以增强其耐磨及抗腐蚀能力，提高使用寿命。

基本参数	
口径	12.7毫米
全长	1420毫米
枪管长	686毫米
空枪重量	13.5千克
有效射程	2000米
枪口初速	936米/秒
弹容量	5发

AW50 狙击步枪不同视角图

AW50 狙击步枪射击测试

AW50 狙击步枪狙击双人组

英国帕克·黑尔 M85 狙击步枪

　　M85 是由英国帕克·黑尔（Parker Hale）公司于 20 世纪 70 年代设计生产的一款狙击步枪。由于各方面原因，该枪于 21 世纪初停产，只有少量还在巴西海军陆战队服役。

　　M85 狙击步枪的枪托用塑料制成，配有橡胶托底板，根据用户需要，也可提供胡桃木枪托。枪托总长可调，以适应不同射手的要求。护木里有一根钢制销轴，以安装两脚架。销轴是不固定的，所以射手在射击时可快速使两脚架旋转或倾斜。该枪配有机械瞄准具和光学瞄准镜，其中光学瞄准镜是施密特－本德 6×42 瞄准镜，高低与方向均可调。另外，还可以安装微光瞄准镜。

M85 狙击步枪局部特写

基本参数

口径：7.62毫米		全长：1151毫米	
枪管长：700毫米		空枪重量：5.7千克	
有效射程：900米		枪口初速：1160米/秒	
弹容量：10发			

早期的 M85 狙击步枪（上）和改进后的 M85 狙击步枪（下）

不完全拆解后的 M85 狙击步枪

法国 FR-F2 狙击步枪

　　FR-F2 是由法国地面武器工业公司生产的一款狙击步枪，于 20 世纪 90 年代开始装备法国反恐部队，用于在较远距离打击重要目标，如恐怖分子中的主要人物、劫持人质的要犯等。此外，拉脱维亚、立陶宛等国也有少量采用。

　　FR-F2 狙击步枪在枪管外增加了一个用于隔热的塑料套管，目的是减少使用时热辐射或因热辐射产生的薄雾对瞄准镜及瞄准视线的干扰，同时还降低了武器的红外特征，便于隐蔽射击。它没有机械瞄准具，只能用光学瞄准镜进行瞄准射击，除配有 4 倍白光瞄准镜，还配有夜间使用的微光瞄准镜，从而使该武器具有全天候使用性能。

基本参数

口径：7.62毫米	
全长：1200毫米	
枪管长：650毫米	
空枪重量：5.3千克	
有效射程：800米	
枪口初速：820米/秒	
弹容量：10发	

士兵正在指导使用 FR-F2 狙击步枪

背负 FR-F2 狙击步枪的法国士兵

使用 FR-F2 狙击步枪的法国狙击手

苏联 / 俄罗斯 SVD 狙击步枪

SVD（Snayperskaya Vintovka Dragunova，意为德拉贡诺夫狙击步枪）是由苏联枪械设计师叶夫根尼·费奥多罗维奇·德拉贡诺夫（Yevgeny Fyodorovich Dragunov）设计、伊热夫斯克兵工厂生产的一款狙击步枪，主要目的是取代二战时期的莫辛 – 纳甘狙击步枪。

SVD 狙击步枪的枪管前端有瓣形消焰器，设有 5 个开槽，其中 3 个位于上部，2 个位于底部，可在一定程度上减轻枪口上跳。它的瞄准镜是 4 倍放大倍率、左右视野角 6 度的 PSO-1 型瞄准镜，全长 375 毫米。在准星座下方有一个刺刀座，可选择性地安装刺刀，这一点与 21 世纪绝大多数的狙击步枪都不一样。

哈萨克斯坦士兵使用 SVD 狙击步枪

匈牙利士兵使用 SVD 狙击步枪

乌克兰士兵使用 SVD 狙击步枪

基本参数	
口径：	7.62毫米
全长：	1225毫米
枪管长：	620毫米
空枪重量：	4.3千克
有效射程：	800米
枪口初速：	830米/秒
弹容量：	10发

俄罗斯 SV-98 狙击步枪

　　SV-98 是由俄罗斯枪械设计师弗拉基米尔·斯朗斯尔（Vladimir Stronskiy）设计、伊热夫斯克兵工厂生产的一款狙击步枪，2003 年开始服役。该枪有着极高的射击精准度，除了在俄罗斯本国的特种部队服役外，亚美尼亚等国军队也有少量采用。

基本参数			
口径：7.62毫米		全长：1200毫米	
枪管长：650毫米		空枪重量：5.8千克	
有效射程：1000米		枪口初速：820米/秒	
弹容量：10发			

SV-98 狙击步枪示意图

　　SV-98 狙击步枪的射击精度远高于发射同种枪弹的 SVD，甚至不逊于以高精度闻名的奥地利 TPG-1 狙击步枪。不过，SV-98 保养比较烦琐，使用寿命较短。它的战术定位是：专供特种部队、反恐部队及执法机构在反恐行动、小规模冲突以及抓捕要犯、解救人质等行动中使用，以隐蔽、突然的高精度射击火力狙杀白天或低照度条件下 1000 米以内、夜间 500 米以内的重要有生目标。

SVD 狙击步枪分解图

黑色涂装的 SV-98 狙击步枪

SV-98 狙击步枪射击测试

德国 R93 狙击步枪

R93 是由德国布拉塞尔（Blaser）公司设计生产的一款狙击步枪，外形比较酷炫，性能也不差。自 1993 年以来，该枪陆续被德国、荷兰的警察部队以及澳大利亚军队、联邦警察等所采用。

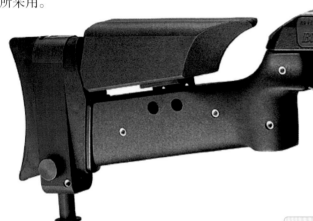

R93 狙击步枪的瞄准具可通过 MIL-STD-1913 战术导轨安装在枪管，当拆除枪身底部所接驳的六角螺丝时，枪管和瞄准具可从枪身中拆除。这种设计的优点是分解后变得更紧凑、更方便携带，并可以在 30 秒内轻易地重新组装。

基本参数	
口径：	7.62毫米
全长：	1130毫米
枪管长：	627毫米
空枪重量：	5.4千克
有效射程：	900米
枪口初速：	845米/秒
弹容量：	5发

R93 狙击步枪各方位照

R93 狙击步枪侧面

R93 狙击步枪俯视图

保加利亚军队狙击手使用 R93 狙击步枪

德国 HK PSG-1 狙击步枪

PSG-1（PSG 是德文 Präzisions-Scharfschützen-Gewehr 的缩写，意为精确射手步枪）是由德国 HK 公司设计生产的一款狙击步枪，因其极好的可靠性和较高的射击精准度，而受到广泛赞誉。截至 2021 年，该枪仍在德国多支特种部队服役，例如 GSG-9。

PSG-1 狙击步枪示意图

基本参数		
口径：7.62毫米	全长：1200毫米	
枪管长：650毫米	空枪重量：8.1千克	
有效射程：1000米	枪口初速：868米/秒	
弹容量：5/20发		

PSG-1 狙击步枪大量使用高技术材料，并采用模块化结构，各部件的组合很合理，人机工效设计比较优秀，比如扳机护圈比较宽大，射手可以戴手套进行射击；重心位于枪的中心位置，全枪稳定性较好；全枪长度较短，肩背时不易挂住障碍物，射手可以随意坐下或在林间穿行。

PSG-1 狙击步枪及其配件

德国特种部队装备库中的 PSG-1 狙击步枪

现代化改进后的 PSG-1 狙击步枪

奥地利 SSG 69 狙击步枪

SSG 69 是由奥地利施泰尔公司设计生产的一款狙击步枪。20 世纪 60 年代中期，奥地利军方提出了设计新型狙击步枪的要求：在 400 米距离上对头像靶、600 米距离上对胸靶、800 米距离上对跑动靶的命中率至少要达到 80%。根据这一要求，1969 年，施泰尔公司成功设计出 SSG 69 狙击步枪。

不完全拆解的 SSG 69 狙击步枪

基本参数	
口径：7.62毫米	
全长：1140毫米	
枪管长：650毫米	
空枪重量：3.9千克	
有效射程：800米	
枪口初速：860米/秒	
弹容量：5发	

SSG 69 狙击步枪采用卡勒斯 ZF69 瞄准镜，也可采用红外夜视瞄准具或像增强瞄准具。ZF69 瞄准镜用杠杆式夹圈固定在机匣纵向筋上，其放大率为 6 倍，分划 800 米。另外，该枪还配有普通机械瞄准具，供紧急情况下使用。该枪采用加长机匣，使枪管座的长度达到 51 毫米，从而使枪管与机匣牢固结合。枪管采用冷锻加工方法制造。枪托用合成材料制成，托底板后面的缓冲垫可以拆卸，因此枪托长度可以调整。

士兵正在使用 SSG 69 狙击步枪

SSG 69 狙击步枪侧面

奥地利特警使用 SSG 69 狙击步枪

南非 NTW-20 狙击步枪

NTW-20 是由南非丹尼尔防卫企业（Denel Mechem）设计生产的一款狙击步枪，可发射各种特殊弹药，主要用于反狙击作战和爆炸物处理。

NTW-20 狙击步枪拥有 20 毫米口径和 14.5 毫米口径两种型号，并且能很容易地从一个型号转换到另外一种型号，只是将枪管、枪机、弹匣和瞄准镜等简单替换，在作战状态中大约不超过 1 分钟。该枪没有安装机械瞄准具，但装有具备视差调节功能的 8 倍放大瞄准镜。另外，它的机匣下设有折叠双脚架，机匣上有一个手提把手和一个瞄准镜保护框架。

基本参数	
口径：	20毫米
全长：	1795毫米
枪管长：	1000毫米
空枪重量：	31.5千克
有效射程：	1300米
枪口初速：	720米/秒
弹容量：	3发

NTW-20 狙击步枪枪口特写

测试基地中的 NTW-20 狙击步枪

NTW-20 狙击步枪俯视图

南非士兵使用 NTW-20 狙击步枪

瑞士 B&T APR 狙击步枪

B&T APR（Advanced Precision Rifle，先进精密步枪）是由瑞士布鲁加·托梅公司（B&T）研制的旋转后拉式枪机狙击步枪。除新加坡外，B&T APR 还被罗马尼亚、卢森堡和科索沃等国的军警单位采用。

B&T APR 狙击步枪采用模块化设计，其核心是一个作为主枪身和底盘部分的金属切削加工制造的下机匣，一个将所有其他的步枪元件组装或连接在一起的元件。可以灵巧地手动操作的保险装在下机匣的手枪握把附近。其底盘与上机匣连接在一起，将枪机组件和枪管，以及击发控制组件、折叠式枪托和其他设备都组装在一起。

B&T APR 狙击步枪右侧方特写

B&T APR 狙击步枪左侧方特写

B&T APR 338（上）和 B&T APR 308（下）

第四届十一月狙击手大赛上的 B&T APR338 狙击步枪

基本参数			
口径：7.62毫米		全长：1214毫米	
枪管长：610毫米		空枪重量：7.01千克	
有效射程：1000米		枪口初速：880米/秒	
弹容量：10发			

比利时 FN SPR 狙击步枪

FN SPR（Special Police Rifle，特警步枪）是由比利时 FN 公司研制的手动枪机狙击步枪，FN SPR 狙击步枪始终能够保持较高的精度和非常低的维护，其最大特点是内膛镀铬的浮置式枪管和合成枪托。内膛镀铬的好处是枪管更持久、更耐腐蚀和易于清洁维护。

FN SPR 的单排式弹匣设计结构保证了其供弹的可靠性，钢制弹匣底部带有聚合物制造的底座，能有效保护弹匣露出枪托外面的部分。枪机上的拉机柄采用了圆球形设计，并带有一圈菱形防滑纹。FN SPR 狙击步枪的核心机构带有明显的温彻斯特 M70 步枪血统，并且加以改进。FN SPR 延续了 M70 所采用的"约束式进弹"系统，即枪弹在被推进弹膛的过程中，弹壳始终牢固的被抽壳钩抓住，确保进弹动作可靠、顺畅。

基本参数	
口径：	7.62毫米
全长：	1117.6毫米
枪管长：	609.6毫米
空枪重量：	5.13千克
有效射程：	500米
枪口初速：	700米/秒
弹容量：	4发

带有瞄准镜的 FN SPR 狙击步枪

FN SPR 后侧方特写

黑色涂装的 FN SPR 狙击步枪

FN SPR 狙击步枪及子弹

2.5 机枪
美国加特林机枪

加特林（Gatling）机枪是美国人理查·加特林（Richard Gatling）发明的，是世界上第一种实用化的机枪，于1862年取得专利，首次使用于美国南北战争。近代的加特林机枪以电子系统运作，常用于战斗机及攻击机等军用飞机上，最大射速普遍能达到6000～10000发/分，而"加特林机枪"这个名词也变成了"加特林机炮"。

19世纪末期，加特林机枪是欧洲各国控制并扩张殖民地的重要武器，经过改进后的加特林机枪射速最高曾达到每分钟1200发，这在当年算得上是个惊人的数字。1879年的祖鲁战争，英国军队借助加特林机枪主宰了战场上的主动权。可以说，那个时代的战争，谁装备了加特林机枪，谁就为胜利加一分。直到19世纪80年代后期，由于马克沁机枪的问世，加特林机枪才被挤出战争的舞台。

基本参数	
口径：	7.62毫米
全长：	1079毫米
枪管长：	673毫米
重量：	27千克
有效射程：	1200米
射速：	1200发/分
弹容量：	250发

加特林机枪射击测试

保存至今的加特林机枪

博物馆中的加特林机枪

加特林机枪示意图

美国 M1918 轻机枪

M1918 是由勃朗宁设计的一款轻机枪，于1918年被美军选中，随即迅速投产。该枪在二战中是美军步兵的主要装备之一，在越南战争初期也略有装备，被用作执行火力压制任务。

M1918 轻机枪构造简单，分解结合方便，可由单兵携行行进间射击，进行突击作战，压制敌方火力，为己方提供火力支援。它的弊端是发射大威力步枪弹，这样一来后坐力非常大，全自动射击时难于控制射击精准度。该枪枪机上还设计有子弹带，子弹带上有4 个口袋，每个口袋中可装入两个弹匣，子弹带上的索环可加挂手枪套、水壶和急救包等物品。

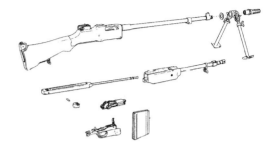

M1918 轻机枪分解图

基本参数	
口径：7.62毫米	全长：1214毫米
枪管长：610毫米	空枪重量：7.25千克
重量：7.5 千克	有效射程：548 米
射速：300～450发/分	枪口初速：860米/秒
弹容量：20发	

保存至今的 M1918 轻机枪

M1918 轻机枪侧面

M1918 轻机枪俯视图

美国 M1941 轻机枪

M1941 是二战期间梅尔文·约翰逊（Melvin Johnson）设计的一款轻机枪，是二战中美军的主要轻机枪之一，曾大量装备美国海军陆战队和特种部队。

M1941 轻机枪最开始被设计出来时是一种采用短程反冲复进机构的军用步枪，后来经过一系列的改进之后才变成了轻机枪。相比当时很流行的 M1918 轻机枪来说，M1941 的优势在于重量轻和分解结合比较容易。不过，M1941 轻机枪有一个缺点，即在使用一段时间之后，枪管会有一点点扭曲变形的状况。

基本参数	
口径：	7.62毫米
全长：	1100毫米
枪管长：	560毫米
空枪重量：	5.9千克
有效射程：	548米
射速：	600发/分
枪口初速：	853.6米/秒
弹容量：	20发

M1941 轻机枪两侧视角

M1941 轻机枪弹匣侧面

二战时的美军士兵使用 M1941 轻机枪

保存至今的 M1941 轻机枪

美国 M2 重机枪

　　1916 年，为了能摧毁敌军坦克，美军求助勃朗宁设计一种能使用 12.7 毫米口径子弹，同时可以发射穿甲燃烧弹和硬心穿甲弹等特殊子弹，以攻击敌方坦克。针对这一要求，勃朗宁以 M1919 重机枪为蓝本，设计出了 M2 重机枪。由于该枪设计优秀，至今仍在美军服役。

　　M2 重机枪可作为各种装甲输送车、装甲侦察车和坦克的附属武器，从 1933～1946 年间，该枪总产量约为 200 万挺。不过该枪停产了相当长的一段时间，于 1979 年由麦尔蒙特等公司恢复生产。20 世纪 90 年代，世界上仍然还有 91 个国家和地区装备使用这种机枪。直至今日，它仍在以直升机机枪、坦克高射机枪、坦克并列机枪、车装机枪等身份穿梭战场。

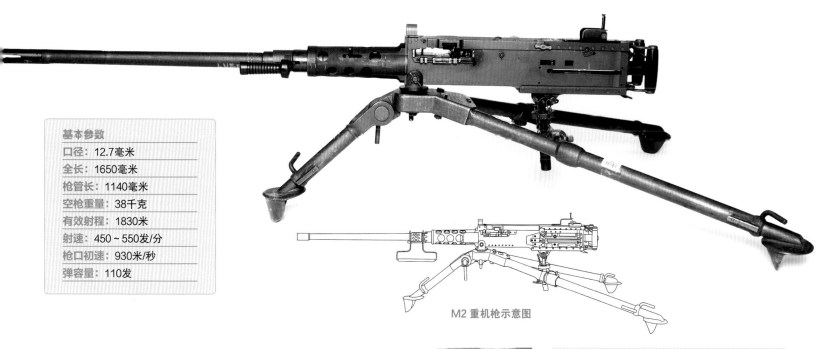

基本参数
口径：12.7毫米
全长：1650毫米
枪管长：1140毫米
空枪重量：38千克
有效射程：1830米
射速：450～550发/分
枪口初速：930米/秒
弹容量：110发

M2 重机枪示意图

M2 重机枪后侧方特写

现代的 M2 重机枪

车载版 M2 重机枪

美国 M60 通用机枪

M60 通用机枪于 20 世纪 50 年代末开始装备美军，并参加了越南战争、海湾战争、阿富汗战争以及伊拉克战争，直到现在仍是美军的主要步兵武器之一。另外，该枪还出口到包括澳大利亚、马来西亚、英国、以色列等数十个国家。

M60 通用机枪采用气冷、导气和开放式枪机设计，采用 M13 弹链供弹，枪管上附加有两脚架，而且可以更换更加稳定的三脚架。总体来说，M60 通用机枪的性能还算优秀，但也有一些设计上的缺点，例如早期型的机匣进弹有问题，需要托平弹链才能正常射击；而且该枪不利于士兵携行，射速也相对较低，在压制敌人火力点的时候有点力不从心。

伪装的士兵正在使用 M60 通用机枪

德军士兵使用 M60 通用机枪

美军士兵使用 M60 通用机枪

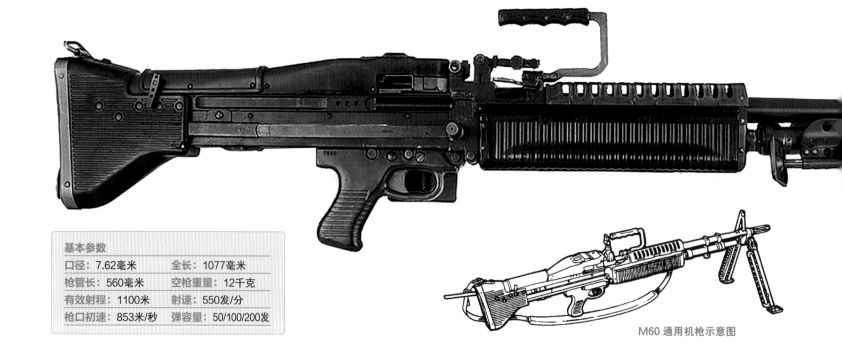

基本参数	
口径：7.62 毫米	全长：1077 毫米
枪管长：560 毫米	空枪重量：12 千克
有效射程：1100 米	射速：550 发/分
枪口初速：853 米/秒	弹容量：50/100/200 发

M60 通用机枪示意图

美国 M134 重机枪

M134 重机枪可视为现代版加特林机枪，于 1963 年研发，并在当年服役。该枪可由单人操作对目标进行扫射，也可以装备于武装车辆、舰船以及各型飞机，由于火力威猛、弹速密集，常被戏称为"迷你炮"。

基本参数	
口径：7.62毫米	
全长：800毫米	
枪管长：559毫米	
空枪重量：15.9千克	
有效射程：800米	
射速：6000发/分	
枪口初速：869米/秒	
弹容量：弹链	

舰载版 M134 重机枪

M134 重机枪示意图

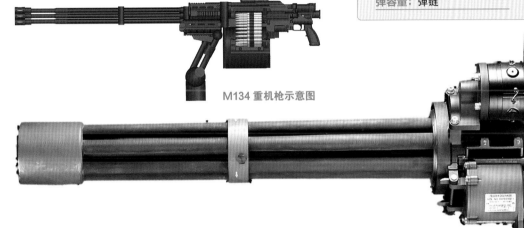

M134 重机枪采用回转联动装置，组件包括六根枪管、枪管夹持部件、枪管套管部件、一台驱动电机、后部枪支架和两个快速释放销等。该枪采用的是加特林机枪原理，用电动机带动六根枪管转动，在转动的过程中依次完成输弹入膛、闭锁、击发、退壳、抛壳等系列动作。其电机电源为 24 ～ 28 伏直流电，工作电流 100 安，启动电流为 300 安。

机载版 M134 重机枪

车载版 M134 重机枪

美国 M249 轻机枪

M249 轻机枪是比利时 FN 公司 Minimi 轻机枪的美国版，于 1984 年开始在美军服役，另外包括克罗地亚、匈牙利以及阿富汗等多个国家也使用过。该枪参与的战争包括海湾战争、科索沃战争、伊拉克战争和美国入侵巴拿马等。

基本参数	
口径：5.56毫米	全长：1041毫米
枪管长：465毫米	空枪重量：7.5千克
有效射程：1000米	射速：1000发/分
枪口初速：915米/秒	弹容量：200发

M249 轻机枪使用装有 200 发弹链供弹，在必要时也可以使用弹匣供弹。该枪在护木下配有可折叠式两脚架，并可以调整长度，也可以换用三脚架。此外，相对 FN 公司的 Minimi 轻机枪来说，M249 轻机枪的改进包括加装枪管护板，采用新的液压气动后坐缓冲器等。美军士兵对 M249 轻机枪的使用意见不一，有人认为它有耐用和火力强大的优点，但是还需要改进；也有人认为该枪在抵腰和抵肩射击时较难控制。

士兵正在使用 M249 轻机枪

M249 轻机枪射击的瞬间

美军士兵使用现代化改进版 M249 轻机枪

美国斯通纳 63 轻机枪

斯通纳 63 是由美国枪械设计师尤金·斯通纳（Eugene Stoner）于 20 世纪 60 年代设计的一款轻机枪，曾是美国"海豹"突击队的主力装备之一。该枪于 1971 年停产。

斯通纳 63 轻机枪的枪管可快速更换，能在轻机枪与步枪之间转换。该枪具有良好的可靠性和通用性，即便是在潮湿闷热的越南丛林仍可有效地运作。1967 年，荷兰获得了斯通纳 63 轻机枪在北美以外地区的销售权，因此在欧洲许多国家的军队中有使用过斯通纳 63 系列轻机枪。

基本参数	
口径：5.56毫米	全长：1022毫米
枪管长：508毫米	空枪重量：5.3千克
有效射程：500米	射速：700～1000发/分
枪口初速：990米/秒	弹容量：30～100发

斯通纳 63 轻机枪特写

装有弹鼓的斯通纳 63 轻机枪

"海豹"突击队手中的斯通纳 63 轻机枪

斯通纳 63 轻机枪射击测试

美国 "伯劳鸟" 轻机枪

"伯劳鸟"（Shrike）轻机枪是由美国阿瑞斯（Ares）防务系统公司设计生产的，其特点是既能够达到轻机枪的实际射速，又能像突击步枪那样轻盈和紧凑。值得一提的是，该枪可以通过现有的M16系列突击步枪，加上"性能升级套件"组装而成。

根据不同使用者的需求，阿瑞斯防务系统公司在"伯劳鸟"轻机枪的基础上又研发并推出了EXP-1、EXP-2和阿瑞斯AAR等不同的衍生型号。这些衍生型配备了五条MIL-STD-1913战术导轨，这使它们能够安装各种商业型光学瞄准镜、反射式瞄准镜、红点镜、全息瞄准镜、夜视镜、热成像仪和战术灯等。

基本参数	
口径：	5.56毫米
全长：	711.2～1016毫米
枪管长：	330.2～508毫米
空枪重量：	3.4千克
有效射程：	500米
射速：	625～1000发/分
枪口初速：	900米/秒
弹容量：	20/30/100发

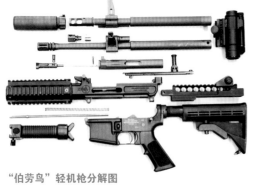

"伯劳鸟"轻机枪分解图

M16变换而来的"伯劳鸟"轻机枪

"伯劳鸟"轻机枪射击测试

苏联/俄罗斯 RPD 轻机枪

RPD 是由瓦西里·捷格加廖夫于 1943 年设计的，主要目的是用于取代 DP/DPM 轻机枪。该枪在二战后成为苏联的第一代班用支援武器，也在相当长一段时间里作为华沙条约组织的制式轻机枪。

RPD 轻机枪采用导气式工作原理，闭锁机构基本由 DP 轻机枪改进而成，属中间零件型闭锁卡铁撑开式，借助枪机框击铁的闭锁斜面撞开闭锁片实现闭锁。该枪采用弹链供弹，供弹机构由大、小杠杆，拨弹滑板，拨弹机，阻弹板和受弹器座等组成，弹链装在弹链盒内，弹链盒挂在机枪的下方。该枪击发机构属平移击锤式，机框复进到位时由击铁撞击击针。

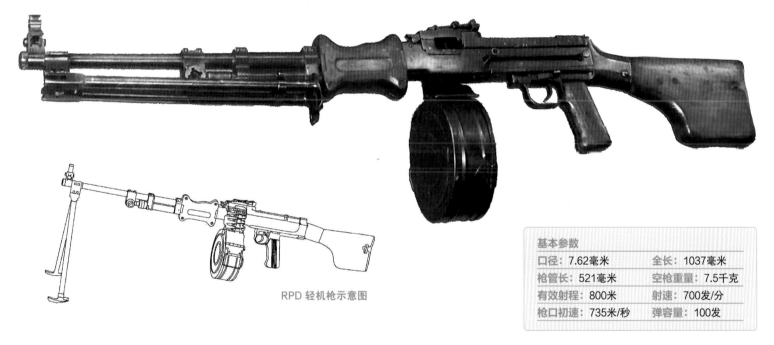

RPD 轻机枪示意图

基本参数			
口径：7.62毫米		全长：1037毫米	
枪管长：521毫米		空枪重量：7.5千克	
有效射程：800米		射速：700发/分	
枪口初速：735米/秒		弹容量：100发	

搭在两脚架上的 RPD 轻机枪

使用 RPD 轻机枪的孟加拉国士兵

埃及士兵使用 RPD 轻机枪

苏联 / 俄罗斯 PK 通用机枪

PK 通用机枪是由 AK-47 突击步枪的设计者卡拉什尼科夫设计的，于 1959 年开始少量装备苏军的机械化步兵连，并逐步取代 RPD 轻机枪，成为苏军新一代制式机枪。

PK 通用机枪的原型是 AK-47 突击步枪，两者的气动系统及回转式枪机闭锁系统相似。PK 通用机枪枪机容纳部用钢板压铸成形法制造，枪托中央也被挖空，并在枪管外围刻了许多沟纹，以致 PK 通用机枪只有 9 千克。1969 年，卡拉什尼科夫推出了 PK 通用机枪的改进型，称为 PKM 通用机枪。在冷战时期，PK/PKM 系列通用机枪广泛分布到世界各地，并在许多地区冲突中使用。

基本参数	
口径：	7.62毫米
全长：	1173毫米
枪管长：	658毫米
空枪重量：	8.99千克
有效射程：	1000米
射速：	650发/分
枪口初速：	825米/秒
弹容量：	100/200/250发

PK 通用机枪与弹药

伊拉克士兵使用 PK 通用机枪

俄罗斯特种部队使用 PK 通用机枪

苏联 / 俄罗斯 NSV 重机枪

NSV 重机枪（又称"岩石"重机枪）是苏联于 1971 年推出的，用于取代 DShK 重机枪，1972 年正式装备。由于性能卓越，它曾被很多国家特许生产，如波兰、南斯拉夫、印度和保加利亚等。

基本参数			
口径：12.7毫米		全长：1560毫米	
枪管长：1100毫米		空枪重量：25千克	
有效射程：2000米		射速：700～800发/分	
枪口初速：845米/秒		弹容量：50发	

NSV 重机枪示意图

NSV 重机枪全枪大量采用冲压加工与铆接装配工艺，这样既简化了结构，又减轻了重量，生产性能也较好。在恶劣条件下使用时，该枪比 DShK 重机枪的性能更可靠，机匣的结构能确保射击中火药燃气后泄少，从而可作车载机枪或在阵地上使用。

战车上的 NSV 重机枪

俄罗斯基地中的 NSV 重机枪

舰船上的 NSV 重机枪

苏联／俄罗斯 RPK-74 轻机枪

RPK-74 轻机枪属于 AK 枪族一员，有多种型号，其中包括 RPK-74N、RPK-74N2 和 RPK-74M 等。同其他 AK 枪族成员一样，

RPK-74 轻机枪有着非常优秀的适应能力，可在沙漠、沼泽和丛林中安全有效使用。这一点是多数自动武器所无法达到的。

基本参数	
口径：5.45毫米	全长：1060毫米
枪管长：590毫米	空枪重量：4.7千克
有效射程：1000米	射速：600发/分
枪口初速：745米/秒	弹容量：45发

RPK-74 轻机枪分解图

RPK-74 轻机枪采用长、重枪管，枪口装有制退器以降低连续射击时的后坐力。它备有可提高射击精确度及方便伏姿射击的折叠式两脚架，而照门增加了风偏调整，令远程射击精确度有所提高。此外，大容量的弹匣令 RPK-74 轻机枪有着较高的持续射击能力。

战斗中的 RPK-74 轻机枪

RPK-74 轻机枪射击测试

一名罗马尼亚军官指导士兵使用 RPK-74 轻机枪

Kord 重机枪分解图

俄罗斯 Kord 重机枪

苏联解体后，为了能更好地武装自己的军队，俄罗斯决意打造一款新型的重机枪。随后，俄罗斯政府给狄格特亚耶夫工厂（V. A. Degtyarev Plant）下达了命令，要求研制出能够发射 12.7 毫米口径步枪子弹，并且可以用于安装在车辆上或具有防空能力的重机枪。之后，狄格特亚耶夫工厂以 NSV 重机枪为蓝本，最终推出了 Kord 重机枪。

与绝大多数其他重机枪都不同的是，Kord 重机枪新增了构造简单、可以让步兵队更容易使用的 6T19 轻量两脚架，这样使它可以利用两脚架协助射击。这一点对于 12.7 毫米口径的重机枪而言是一个独特的功能。

基本参数	
口径：12.7毫米	
全长：1625毫米	
枪管长：1070毫米	
空枪重量：27千克	
有效射程：2000米	
射速：650～750发/分	
枪口初速：820～860米/秒	
弹容量：50/150发	

枪械展览会上的 Kord 重机枪

野外射击测试中的 Kord 重机枪

俄罗斯士兵与三脚架上的 Kord 重机枪

俄罗斯 AEK-999 通用机枪

　　AEK-999 通用机枪是俄罗斯现役主力机枪之一，它虽然继承了一些苏联时期的设计理念，但部分设计具有独特性，使得它在一些战术运用方面有着"别树一帜"的特色。

　　为了提高耐用性，AEK-999 通用机枪大部分零件的材料采用航炮炮管用钢材。枪管有一半的长度外表有纵向加劲肋，起加速散热的作用，枪管顶部有一条长形的金属盖，作用是减少枪管散热对瞄准线产生的虚影现象。另外，枪管下增加了塑料制的下护木，便于在携行时迅速进入射击姿势。

AEK-999 通用机枪的枪口消声消焰器特写

基本参数	
口径：7.62毫米	
全长：1188毫米	
枪管长：605毫米	
空枪重量：8.74千克	
有效射程：1500米	
射速：650发/分	
枪口初速：825米/秒	
弹容量：100/200发	

改进版 AEK-999 通用机枪

使用 AEK-999 通用机枪的俄罗斯特种部队

俄罗斯特种兵与 AEK-999 通用机枪

俄罗斯 Pecheneg 通用机枪

Pecheneg 通用机枪是由俄罗斯联邦工业设计局中央精密机械制造研究所（TsNIITochmash）研发设计的，其设计理念借鉴了苏联时期的 PK 通用机枪，两者 80% 的零件可以互换。

与 PK 通用机枪相比，Pecheneg 通用机枪最主要的改进有几点：第一，该枪使用了一根具有纵向散热开槽的重型枪管，从而消除在枪管表面形成上升热气以及保持枪管冷却，使其射精精准度更高，可靠性更好；第二，该枪能够在机匣左侧的瞄准镜导轨上，安装上各种快拆式光学瞄准镜或是夜视瞄准镜，以额外增加其射击精准度。Pecheneg 通用机枪的枪管即使是持续射击 600 发子弹，也不会减短其寿命。

基本参数	
口径：7.62毫米	全长：1155毫米
枪管长：658毫米	空枪重量：8.7千克
有效射程：1500米	射速：650～1000发/分
枪口初速：825米/秒	弹容量：100/200/250发

黑色涂装的 Pecheneg 通用机枪

俄罗斯第 51 空降团第 106 空降师士兵使用 Pecheneg 通用机枪

俄罗斯第 45 届独立卫队特殊用途军团士兵使用 Pecheneg 通用机枪

德国 MG30 轻机枪

一战结束后，受到《凡尔赛条约》的限制，德国被禁止或限制发展步兵自动武器等军事装备。于是，德国转到中立国瑞士进行武器研制工作。在这里，枪械设计师路易斯·斯坦格尔（Louis Stange）成功研制出 MG 系列机枪的鼻祖——MG30 轻机枪。

MG30 轻机枪的结构简单，容易大规模生产。该枪采用弹匣供弹，性能比较可靠。MG30 轻机枪开启了德国气冷式轻机枪的先河，为后来研制 MG34 通用机枪以及大名鼎鼎的 MG42 通用机枪打下了坚实的技术基础。二战期间，由于 MG34 通用机枪的出现，MG30 轻机枪很快从一线部队退出，仅在二线部队中使用。

基本参数	
口径：	7.92毫米
全长：	1172毫米
枪管长：	600毫米
空枪重量：	12千克
有效射程：	1000米
射速：	600~800发/分
枪口初速：	808米/秒
弹容量：	30发

博物馆中的 MG30 轻机枪

德国 MG34 通用机枪

MG34 通用机枪是 20 世纪 30 年代德军步兵的主要机枪，也是坦克及车辆的主要防空武器，并在之后的二战中被大量使用。

MG34 通用机枪的枪管可以快速更换，只需将机匣与枪管套间的固定锁打开，再将整个机匣旋转即可取出。枪管套护环内有一个双半圆形扳机，

上半圆形为半自动模式，而下半圆形设有按压式保险的扳机则为全自动模式。

基本参数	
口径：	7.92毫米
全长：	1219毫米
枪管长：	627毫米
空枪重量：	12.1千克
有效射程：	800米
射速：	800~900发/分
枪口初速：	755米/秒
弹容量：	50/75/200发

德军 MG34 通用机枪战斗小组

战斗中的 MG34 通用机枪

MG34 通用机枪枪口特写

德国 MG42 通用机枪

　　MG42 通用机枪是德国于 20 世纪 40 年代研制的，是二战中最著名的机枪之一。虽然它原意是用于取代 MG34，但德军战线太多，导致两款机枪一起沿用到战争结束。

　　MG42 通用机枪同时具备可靠性、耐用性、简单化、容易操作以及成本低廉等特性，这几点对于当时来说至关重要。另外，该枪还有一个特点，就是射击时发出的枪声噪音不同于其他机枪，具有类似"撕裂布匹"的枪声。二战时，这种恐怖的噪音给盟军造成了极大的心理压力，因此盟军称 MG42 通用机枪为"希特勒的电锯"。

基本参数	
口径	7.92毫米
全长	1120毫米
枪管长	533毫米
空枪重量	11.57千克
有效射程	1000米
射速	1200发/分
枪口初速	755米/秒
弹容量	250发

德军使用 MG42 通用机枪

搭在两脚架上的 MG42 通用机枪

保存至今的 MG42 通用机枪

德国 MG4 通用机枪

MG4 通用机枪是由德国 HK 公司于 21 世纪初设计生产的，主要有三种型号：MG4（标准型）、MG4E（出口型）、MG4KE（短枪管出口型）。该枪经得起各种考验，曾在美国亚利桑那州的尤马陆军试验场中，经受了寒区、沼泽地以及极端恶劣气象条件的测试，性能值得信赖。

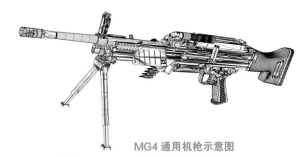

MG4 通用机枪示意图

基本参数

口径：5.56毫米	全长：1005毫米
枪管长：480毫米	空枪重量：8.15千克
有效射程：1000米	射速：775～885发/分
枪口初速：920米/秒	弹容量：250发

MG4 通用机枪吸取了比利时 FN Minimi 轻机枪的优点，并在多处有所创新，例如自动方式采用了导气式，采用开膛待击、前冲击发的原理，以及枪管上装有方向和高低可调的照门等。另外，MG4通用机枪的枪托可以向左前侧折叠，枪托折叠状态不影响持枪待击，而枪托长度可调，以适应不同射手的需要。

MG4 通用机枪与其配件

测试基地中的 MG4 通用机枪

德国士兵使用 MG4 通用机枪

德国 HK21 通用机枪

　　HK21 通用机枪是 HK 公司于 1961 年研制的，目前仍在亚洲、非洲和拉丁美洲多个国家的军队中服役。该枪射程远，可靠性优良，而且使用多种新型设计，并达到了理想的效果。虽然它在德国使用较少，但在其他国家却有超高的"人气"。

　　HK21 通用机枪除配用两脚架作轻机枪使用外，还可装在三脚架上作重机枪使用。两脚架可安装在供弹机前方或枪管护筒前端两个位置，不过安装在供弹机前方时，虽可增大射界，但精度有所下降；安装在枪管护筒前端时，虽射界减小，但可提高射击精度。

基本参数	
口径：7.62 毫米	
全长：1021 毫米	
枪管长：450 毫米	
空枪重量：7.92 千克	
有效射程：1200 米	
射速：800～900 发/分	
枪口初速：800 米/秒	
弹容量：20/50/80/100 发	

黑色涂装的 HK21 通用机枪

使用弹鼓供弹的 HK21 通用机枪

HK21 通用机枪与其弹药

德国 HK121 通用机枪

HK121 通用机枪是 HK 公司 21 世纪最新力作，针对不同的军种，推出了数款衍生型号，其中包括 HK 121U、HK 121S 和 HK 121EBW 等。该枪融合了 HK 公司最新技术和优秀的材料，在火力密集度和便携性方面，能够在同类武器中独当一面。

为了加强战术性能，除了在供弹的机匣盖顶部设有 MIL-STD-1913 战术导轨之外，HK121 通用机枪在导气活塞筒的两侧和底部也设有 MIL-STD-1913 战术导轨。在导气活塞筒下方同时设有一个可以容纳向后折叠的两脚架的护木。该枪采用北约 M13 可散式弹链，鼓形弹箱内部可以收纳一条卷曲起来的 50 发弹链。由于 HK121 通用机枪是向下抛壳，所以携带弹链的鼓形弹箱需要挂在机匣左侧下方，以从机匣左侧上方的弹链供弹口供弹。

HK121 通用机枪示意图

基本参数

口径：	7.62毫米
全长：	960毫米
枪管长：	550毫米
重量：	11.2千克
有效射程：	1500米
射速：	800发/分
枪口初速：	840米/秒
弹容量：	50/120发

HK121 通用机枪侧面

德国士兵使用 HK121 通用机枪

HK121 通用机枪（下）与 HKMG4 通用机枪（上）

英国马克沁重机枪

马克沁重机枪是由英国枪械设计师海勒姆·马克沁（Hiram Maxim）于19世纪80年代设计的，可谓是无人不知、无人不晓，从某种角度上来说，它开辟了自动、连续射击类武器的先河。

马克沁重机枪问世以后，凭借密集的火力，在欧洲战场大放异彩，得到不少欧洲国家军队的青睐。之后，包括德国、英国和法国在内的国家陆续为军队装备了马克沁重机枪。在二战中，马克沁重机枪已经落伍了，但许多国家的军队仍然在使用，例如：虽然德军一线部队开发了MG34通用机枪和MG42通用机枪，但二线部队仍在使用马克沁MG08重机枪；而苏联也使用过马克沁M1910重机枪。

基本参数	
口径	7.69毫米
全长	1079毫米
枪管长	673毫米
空枪重量	27.2千克
有效射程	2000米
射速	500发/分
枪口初速	744米/秒
弹容量	250发

早期德国军队中的 MG08 重机枪

博物馆中的马克沁重机枪

英国布伦轻机枪

布伦（Bren）轻机枪是英国在二战中装备的主要轻机枪之一，也是二战中最好的轻机枪之一，使用范围十分广泛。它是由英国恩菲尔德（Enfield）兵工厂生产的，其设计还借鉴了捷克的 ZB-26 轻机枪。

布伦轻机枪采用导气式工作原理，枪机偏转式闭锁方式，枪管口装有喇叭状消焰器，在导气管前端有气体调节器，并设有4个调节挡，每挡对应不同直径的通气孔，可以调整枪弹发射时进入导气装置的火药气体量。拉机柄可折叠，并在拉机柄、抛壳口等机匣开口处设有防尘盖。二战结束后，众多英联邦国家军队继续装备布伦式轻机枪，后期英军更改为北约7.62×51毫米北约制式口径服役，并命名为"L4"，于1957年开始提供军方使用。

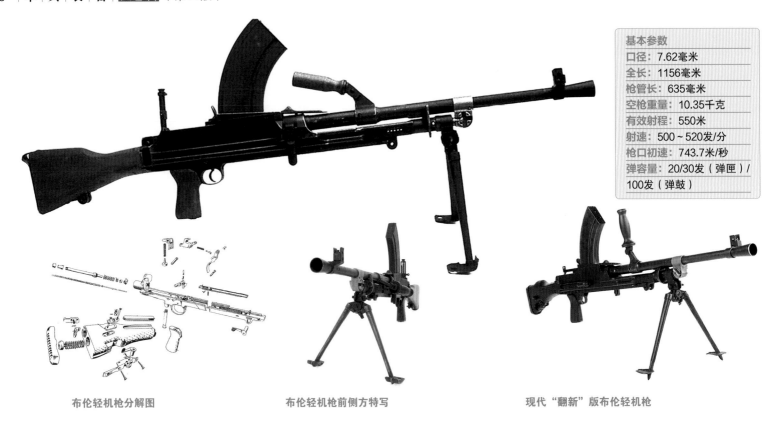

基本参数	
口径：7.62毫米	
全长：1156毫米	
枪管长：635毫米	
空枪重量：10.35千克	
有效射程：550米	
射速：500～520发/分	
枪口初速：743.7米/秒	
弹容量：20/30发（弹匣）/ 100发（弹鼓）	

布伦轻机枪分解图　　　　布伦轻机枪前侧方特写　　　　现代"翻新"版布伦轻机枪

以色列 Negev 轻机枪

　　Negev 轻机枪（Negev 一般音译为"内盖夫"）是以色列 IMI 公司设计生产的，于 1995 年完成设计，1996 年实弹射击测试，1997 年装备以色列国防军。截至 2021 年，该枪仍是以色列国防军的制式多用途轻机枪，装备部队包括所有的正规部队和特种部队，性能较现役其他同类武器有过之而无不及。

　　Negev 轻机枪有着优良的可靠性及较高的射击精准度，同时有着轻型、紧凑及适合沙漠作战的优势，更可通过改变部件来执行特别行动。它使用的枪托可折叠存放或展开，这种灵活性已经让其被用于多种角色，例如传统的军事应用或在近距离战斗使用中。

Negev 轻机枪侧面特写

基本参数

口径:	5.56毫米
全长:	1020毫米
枪管长:	460毫米
空枪重量:	7.5千克
有效射程:	1000米
射速:	650～850发/分
枪口初速:	950米/秒
弹容量:	30/50发

Negev 轻机枪前侧方特写

士兵在为 Negev 轻机枪安装弹离链

使用 Negev 轻机枪的以色列士兵

新加坡 CIS 50MG 重机枪

　　CIS 50MG 是由新加坡技术动力（Singapore Technologies Kinetics）公司研发生产的一款重机枪，主要目的是为了取代美制M2重机枪，于1988年正式推出，1991年正式服役。

　　CIS 50MG 重机枪装有一根可以快速拆卸的枪管，配备一个与枪管整合了的提把，即使不戴隔热石棉手套也可以在作战或是实战演习时，快速方便地更换过热或损毁的枪管。该枪有一独特之处，就是它的双向弹链供弹系统。该供弹系统可以让机枪快速和容易转换发射的枪弹，例如发射标准圆头实心弹时，可以改为发射另一边的 Raufoss MK 211 高爆燃烧穿甲弹。

基本参数

口径:	12.7毫米
全长:	1778毫米
枪管长:	1143毫米
空枪重量:	9千克
有效射程:	1500米
射速:	400～600发/分
枪口初速:	890米/秒
弹容量:	250发

CIS 50MG 重机枪前方特写

车载版 CIS 50MG 重机枪

新加坡士兵使用 CIS 50MG 重机枪

新加坡 Ultimax 100 轻机枪

Ultimax 100 轻机枪是由新加坡技术动力公司研发生产的，拥有许多"超前卫"的设计，因此其既拥有极好的作战力，也拥有优美的外形和优良的人机功效。该枪于 1982 年开始服役，除了被新加坡军队采用外，CIS 50MG 重机枪还出口到其他国家。

基本参数	
口径：	5.56毫米
全长：	1024毫米
枪管长：	508毫米
空枪重量：	4.9千克
有效射程：	460米
射速：	400~600发/分
枪口初速：	970米/秒
弹容量：	30/100发

Ultimax 100 轻机枪射击测试

Ultimax 100 轻机枪示意图

枪械展览会上的 Ultimax 100 轻机枪

搭在两脚架上的 Ultimax 100 轻机枪

Ultimax 100 轻机枪的射击后坐力在同等级 5.56 毫米口径机枪中是最低的，因此在射击时可以轻易保持枪支的稳定性，也可将枪托拆下射击。它的重量极轻，和一些突击步枪相当，枪支本身重量不过 4.9 千克，即使装上满量的 100 发专用弹鼓（也可使用30 发弹匣），总重量也不过约 6.8 千克。该枪所使用的弹鼓后其半面呈半透明，可让射手掌握剩余子弹数量。

比利时 FN MAG 通用机枪

MAG 通用机枪是 FN 公司于 20 世纪 50 年代生产的，其设计借鉴了美国 M1918 轻机枪和德国 MG42 通用机枪，秉承它们的优点，同时也有所创新。它曾在全球各地的武装冲突中被广泛使用，截至 2021 年仍装备于至少 75 个国家，其中包括英国、美国、加拿大、比利时、瑞典等。

MAG 通用机枪的机匣为长方形冲铆件，前后两端有所加强，分别容纳枪管节套活塞筒和枪托缓冲器。机匣内侧有纵向导轨，用以支撑和导引枪机和机框往复运动。闭锁支承面位于机匣底部，当闭锁完成时，闭锁杆抵在闭锁支承面上。机匣右侧有机柄导槽，抛壳口在机匣底部。机匣和枪管节套用断隔螺纹连接，枪管可以迅速更换。枪管正下方有导气孔，火药气体经由导气孔进入气体调节器。

基本参数	
口径：	7.62毫米
全长：	1263毫米
枪管长：	487.5毫米
空枪重量：	11.79千克
有效射程：	600米
射速：	650～1000发/分
枪口初速：	825～840米/秒
弹容量：	250发

MAG 通用机枪示意图

士兵正在使用 MAG 通用机枪

不完全拆解的 MAG 通用机枪

美军"悍马"战车上的 MAG 通用机枪

比利时 FN Minimi 轻机枪

Minimi 轻机枪是由比利时FN 公司设计的一款武器，性能尤其优秀，自 1974 年以来被世界多国采用为制式装备，就连武器大国美国也不得不承认它的确是值得信赖的武器。

Minimi 轻机枪采用开膛待击的方式，增强了枪膛的散热性能，能有效防止枪弹自燃。导气箍上有一个旋转式气体调节器，并有三个位置可调：一个为正常使用，可以限制射速，

以免弹药消耗量过大；一个为在复杂气象条件下使用，通过加大导气管内的气流量，减少故障率，但射速会增高；还有一个是发射枪榴弹时用。

基本参数	
口径	5.56毫米
全长	1038毫米
枪管长	465毫米
空枪重量	7.1千克
有效射程	1000米
射速	750发/分
枪口初速	925米/秒
弹容量	20/30/100发

【战地花絮】

20 世纪 70 年代初期，北约各国的主流通用机枪发射 7.62×51 毫米北约制式枪弹。FN 公司设计 Minimi 轻机枪时，原本也打算发射这种枪弹，但为了推广本公司新研发的 5.56×45 毫米 SS109 枪弹，使其成为新一代北约制式弹药，所以在加入美国陆军举行的班用自动武器评选（SAW）时，将 Minimi 轻机枪改为发射 5.56×45 毫米 SS109 枪弹。

特种部队使用 Minimi 轻机枪

士兵在为 Minimi 轻机枪更换弹药

野外战斗中的 Minimi 轻机枪

瑞士富雷尔 M25 轻机枪

富雷尔（Furrer）M25 是瑞士 20 世纪 20 年代设计的一款轻机枪，号称"保卫阿尔卑斯山的秘密武器"。该枪以高射击精准度著称，即使在今天，其射击精准度的结构设计仍值得设计者借鉴。

富雷尔 M25 轻机枪采用枪管短后坐式自动方式，而没有像当时的很多机枪那样采用导气式自动方式，因此降低了机件间的猛烈碰撞，使得抵肩射击变得容易控制，从而提高了射击精度。在那个年代，如布伦轻机枪等，射击精度都不如富雷尔 M25 轻机枪。单发射击时，它的射击精准度相当于狙击步枪。该枪还设计有源于刘易斯轻机枪的后坐缓冲装置机构，这种缓冲机构是该机枪设计成功的关键部件。

三脚架上的富雷尔 M25 轻机枪

基本参数		
口径：7.5毫米	全长：1163毫米	
枪管长：585毫米	空枪重量：8.65千克	
有效射程：800米	射速：450发/分	
枪口初速：1200米/秒	弹容量：30发	

富雷尔 M25 轻机枪侧面特写

早期的富雷尔 M25 轻机枪

富雷尔 M25 轻机枪射击测试

捷克斯洛伐克 / 捷克 ZB-26 轻机枪

战壕中的士兵与 ZB-26 轻机枪

ZB-26 轻机枪诞生于 1926 年，是世界上最著名的轻机枪之一，曾装备数十个国家军队，其中包括英国、日本和土耳其。稳定的可靠性、优秀的杀伤力，使得 ZB-26 轻机枪在二战期间被大量仿制，同时也影响着其他同类武器的设计，例如英国的布伦轻机枪。

ZB-26 轻机枪枪管外部加工有圆环形的散热槽，枪口装有喇叭状消焰器。枪管上靠近枪中部有提把，方便携带和快速更换枪管。它的结构简单，动作可靠，在激烈的战争中和恶劣的自然环境下也不易损坏。该枪使用和维护都很方便，只要更换枪管就可以持续射击。另外，两人机枪组经过简单的射击训练就可以使用 ZB-26 轻机枪作战，大大提高了它的实战效能。

基本参数			
口径：7.92毫米		全长：1161毫米	
枪管长：672毫米		空枪重量：10.5千克	
有效射程：550米		射速：500发/分	
枪口初速：744米/秒		弹容量：20发	

ZB-26 轻机枪

法国 AAT-52 通用机枪

AAT-52 是法国于 1952 年生产装备的一款通用机枪，除了配发给人员外，还是法国军队装甲战斗车辆的主要副武器之一。

AAT-52 通用机的优点是结构简单、生产方便，主要缺点是重心太靠后、操作性能差。此外，它的缺点还有：两脚架安装于枪管而减小了射界，配装三脚架时需用专门的接合器，枪管质量不高，消焰器的消焰效果不好等。除了法军使用外，AAT-52 通用机枪还出口到阿根廷、比利时、印度尼西亚、摩洛哥等国家。截至 2021 年，该枪仍大量在役。

基本参数			
口径：7.5毫米		全长：1080毫米	
枪管长：600毫米		空枪重量：10.6千克	
有效射程：1200米		射速：700~900发/分	
枪口初速：840米/秒		弹容量：200发	

AAT-52 通用机枪示意图

待测试的 AAT-52 通用机枪

车载版 AAT-52 通用机枪

法国士兵使用 AAT-52 通用机枪

南非 SS77 通用机枪

　　SS77 通用机枪是南非根据苏联的 PKM 轻机枪改进而来的，于 1977 年研制，1986 年装备南非国防军。虽然该枪知名度不如同时代的其他机枪，但大部分轻武器专家认为它是最好的通用机枪之一。

　　SS77 通用机枪结构简单，活动部件数量不多，只有活塞、枪机框、枪机和复进簧。供弹装置位于机匣盖里面，采用常规双程供弹方式。它的扳机设计有旋钮式手动保险，位于手指可及处，即使是在伸手不见五指的黑夜，也可方便地检查武器的保险情况。在该枪的右侧，装填拉柄和活动机件是分开的，其上裹有尼龙衬套。

SS77 通用机枪与其弹药

背负 SS77 通用机枪的南非士兵

SS77 通用机枪示意图

基本参数	
口径：7.62毫米	全长：1155毫米
枪管长：550毫米	空枪重量：9.6千克
有效射程：1800米	射速：600～900发/分
枪口初速：840米/秒	弹容量：250发

丹麦麦德森轻机枪

麦德森（Madsen）轻机枪是世界上第一种大规模生产的实用轻机枪，其设计源于一种半自动步枪。1905～1950年间，麦德森轻机枪大量生产装备丹麦并出口，有不少于36个国家装备过麦德森轻机枪，并在世界各地的武装冲突中被广泛使用。

在战场上，军方一般会选择能大批量生产的机枪，显然麦德森轻机枪不具备量产特性，因为该枪零部件公差要求小、结构复杂，导致生产成本较高。该枪之所以在当时备受欢迎，是因为它射击精度高、性能可靠和重量轻（当然这些只是就当时而言）。

麦德森轻机枪示意图

基本参数
口径：6.5毫米
全长：1143毫米
枪管长：584毫米
空枪重量：9.07千克
有效射程：800米
射速：450发/分
枪口初速：870米/秒
弹容量：30发

早期的麦德森轻机枪

博物馆中的麦德森轻机枪

丹麦现代化部队与麦德森轻机枪

2.6 霰弹枪

美国雷明顿 870 霰弹枪

雷明顿 870 是由美国雷明顿公司制造的泵动式霰弹枪,因其结构紧凑、性能可靠、价格合理,很快成为美国人喜爱的流行武器,被美国军、警采用。从 20 世纪 50 年代初至今,它一直是美国军、警界的专用装备,美国边防警卫队尤其钟爱此枪。

雷明顿 870 霰弹枪在恶劣气候条件下的耐用性和可靠性较好,尤其是改进型 870 霰弹枪,

采用了许多新工艺和附件,如采用了金属表面磷化处理等工艺,采用了斜准星、可调缺口照门式机械瞄具,配了一个弹容量为 7 发的加长式管形弹匣,在机匣左侧加装了一个可装 6 个空弹壳的马鞍形弹壳收集器,一个手推式保险按钮,一个三向可调式背带环和一个旋转式激光瞄具。

基本参数	
口径:	18.53毫米
全长:	1280毫米
枪管长:	760毫米
空枪重量:	3.6千克
有效射程:	40米
枪口初速:	404米/秒
弹容量:	719发

雷明顿 870 霰弹枪右侧方特写

手持雷明顿 870 霰弹枪的海岸警卫队队员

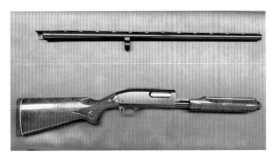

不完全分解的雷明顿 870 霰弹枪

雷明顿 870 霰弹枪左侧方特写

美国莫斯伯格 500 霰弹枪

莫斯伯格 500 是美国莫斯伯格父子公司专门为警察和军事部队研制的泵动式霰弹枪。莫斯伯格 500 霰弹枪的可靠性比较高，而且坚固耐用，加上价格合理，因此是雷明顿 870 霰弹枪有力的竞争对手。自在 1961 年推出以后，所有的莫斯伯格 500 型号都是以相同的基本设计为基础。

莫斯伯格 500 霰弹枪有 4 种口径，分别为 12 号的 500A 型、16 号的 500B 型、20 号的 500C 型和 .410 的 500D 型。每种型号都有多种不同长度的枪管和弹仓、表面处理方式、枪托形状和材料。其中 12 号口径的 500A 型是最广泛的型号。

基本参数	
口径：	18.53毫米
全长：	784毫米
枪管长：	762毫米
空枪重量：	3.4千克
有效射程：	40米
枪口初速：	475米/秒
弹容量：	9发

莫斯伯格 500 战术型霰弹枪

黑色涂装的莫斯伯格 500 霰弹枪

莫斯伯格 500 霰弹枪前侧方特写

美国海军陆战队正在使用莫斯伯格 500 霰弹枪

美国 AA-12 霰弹枪

AA-12 是由美国枪械设计师麦克斯韦·艾奇逊于 1972 年开发的全自动战斗霰弹枪，发射 12 号口径霰弹。

AA-12 霰弹枪的准星和照门各安装在一个钢制的三角柱上，结构简单。准星可旋转调整高低，而照门通过一个转鼓调整风偏。设计中采用两种形式的鬼环瞄准具，其中一种外形为 8 字形的双孔照门，另一种是普通的单孔照门。最初的 AA-12 样枪上没有导轨系统，宪兵系统（MPS）公司后来增加了导轨接口以方便安装各种战术附件，例如各种近战瞄准镜、激光指示器或战术灯等。

基本参数	
口径：	18.53毫米
全长：	991毫米
枪管长：	457毫米
空枪重量：	5.2千克
有效射程：	100米
枪口初速：	350米/秒
弹容量：	32发

一名美国士兵正在试射 AA-12 霰弹枪

AA-12 霰弹枪左侧方特写

AA-12 霰弹枪及其组件

AA-12 霰弹枪套装

【战地花絮】

AA-12 霰弹枪同时出现在多个电影、电视剧、电子游戏和动画里，例如电影《特种部队：眼镜蛇的崛起》（G.I. Joe: The Rise of Cobra）中作为唯一的霰弹枪，采用 20 发可拆卸式弹鼓供弹，装上枪背带，被公爵（Conrad Hauser / Duke，查尼·泰坦饰演）所使用，奇怪地被称为小口径机枪。

苏联/俄罗斯 KS-23 霰弹枪

KS-23 是由苏联中央精密机械工程研究院设计、图拉兵工厂生产的一款霰弹枪，1971 年开始服役，截至 2021 年仍然是俄罗斯执法部队所使用的防暴武器。

KS-23 霰弹枪采用线膛枪管，枪管是由制造缺陷的 23 毫米防空炮炮管缩小而成的，这是因为这些报废的炮管被认为是能够承受到在发射霰弹及非致命弹药时所产生的压力。在 1990 年曾推出了两个改进型，这两个改型分别为 KS-23M 及 KS-23K。

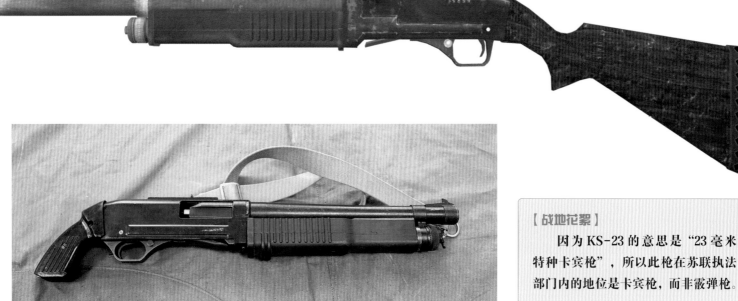

KS-23 霰弹枪左侧方特写

【战地花絮】

因为 KS-23 的意思是"23 毫米特种卡宾枪"，所以此枪在苏联执法部门内的地位是卡宾枪，而非霰弹枪。

KS-23 霰弹枪及子弹

正在使用 KS-23 霰弹枪的士兵

基本参数

口径：	23毫米
全长：	1040毫米
枪管长：	510毫米
空枪重量：	3.85千克
有效射程：	150米
枪口初速：	210米/秒
弹容量：	3发

苏联 / 俄罗斯 Saiga-12 霰弹枪

Saiga-12 是一种由伊热夫斯克机械制造厂于 1990 年以卡拉什尼科夫的 AK 系列步枪研制及生产半自动战斗霰弹枪，Saiga-12 有 .410、20 号和 12 号三种口径。每种口径都至少有三种类型，分别有长枪管和固定枪托、长枪管和折叠式枪托、短枪管和折叠枪托。

Saiga-12 的优点是比伯奈利、弗兰基和其他著名的西方霰弹枪要便宜得多。作为一种可靠又有效的近距离狩猎或近战用霰弹枪，Saiga-12 广泛地被很多俄罗斯执法人员和私人安全服务机构使用。

装有弹鼓的 Saiga-12 霰弹枪

装有弹匣的 Saiga-12 霰弹枪

基本参数			
口径：18.53毫米		全长：1145毫米	
枪管长：580毫米		空枪重量：3.6千克	
有效射程：100米		枪口初速：280米/秒	
弹容量：8发			

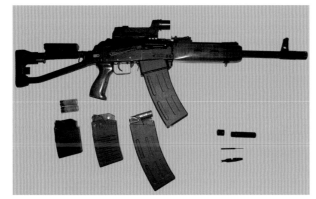

Saiga-12 霰弹枪分解图

黑色涂装的 Saiga-12 霰弹枪

意大利伯奈利 M4 Super 90 霰弹枪

M4 Super 90 是由意大利伯奈利公司设计和生产的半自动霰弹枪，在 1998 年 8 月 4 日，M4 Super 90 霰弹枪样本运送到马里兰州阿伯丁试验场进行测试。经过一连串测试后，证明贝内利 M4 的性能优秀，1999 年初，美军将其命名为 M1014 三军联合战术霰弹枪。

M4 Super 90 的伸缩式枪托很特别，其贴腮板可以向右倾斜，这样可以方便戴防毒面具进行贴腮瞄准。如果需要，伸缩式枪托可以在没有任何专用工具的辅助下更换成带握把的固定式枪托。

基本参数			
口径：18.53毫米	全长：885毫米	枪管长：470毫米	空枪重量：3.82千克
有效射程：40米	枪口初速：385米/秒	弹容量：8发	

发射中的 M4 Super 90 霰弹枪

美国海军陆战队士兵正在使用 M4 Super 90 霰弹枪

M4 Super 90 霰弹枪套装

南非"打击者"霰弹枪

"打击者"霰弹枪是由南非枪械设计师希尔顿·沃克于20世纪80年代研制并且由哨兵武器有限公司生产的防暴控制和战斗用途霰弹枪。这种霰弹枪向世界各地如南非、美国和其他一些国家都有出售。

"打击者"霰弹枪的主要优点是弹巢容量大，相当于当时传统霰弹枪弹容量的两倍，而且具有速射能力。即使它在这方面是成功的，但另一方面却有着明显缺陷，其旋转式弹巢型弹鼓的体积也过大，而且装填速度较慢。

基本参数	
口径:	18.53毫米
全长:	792毫米
枪管长:	305毫米
空枪重量:	4.2千克
有效射程:	40米
枪口初速:	260米/秒
弹容量:	12发

"打击者"霰弹枪右侧方特写

"打击者"左侧方特写

大量的"打击者"霰弹枪

烈焰火药——爆破武器

第3章

士兵作战时，如果只单单携带枪械类武器，往往是无法成功完成任务的，例如面对敌方防御厚重的工事、坦克和装甲车时，枪械类武器显得心有余而力不足。所以，爆破类武器是战地中不可或缺的。从二战至今，爆破武器的发展日新月异，性能、可靠性和威力更是得到了前所未有的提高，由此可见，爆破武器非常重要。本章主要介绍从二战至今的各类爆破武器，其中包括火箭筒、手榴弹和地雷等。

3.1 火箭筒

美国 "巴祖卡" 火箭筒

"巴祖卡"（Bazooka）是二战期间美军使用的单兵肩扛式火箭筒的绰号，是第一代实战用的单兵反坦克装备，至今仍有一些国家的军队在使用，不过很少用来摧毁敌军的装甲车，而是经常被用来摧毁敌军的阵地工事。

"巴祖卡"火箭筒的实用性、可靠性等方面在战争中得到了充分的证实，它参与了二战以及之后的局部战争，衍生了多种型号，其中包括M1"巴祖卡"火箭筒、M9"巴祖卡"火箭筒和M20"超级巴祖卡"火箭筒等。20世纪60年代中期，美军装备的"巴祖卡"火箭筒系列逐步被M72火箭筒所代替。

基本参数	
口径：60毫米	
全长：1370毫米	
总重：5.71千克	
炮口初速：81米/秒	
有效射程：109米	

"巴祖卡"火箭筒与其弹药

"巴祖卡"火箭筒特写

"巴祖卡"火箭筒模型图

二战期间的"巴祖卡"火箭筒

发射待命中的"巴祖卡"火箭筒

美国 M72 火箭筒

M72火箭筒是由美国黑森东方（Hesse Eastern）公司生产的，于1963年被美国陆军及海军陆战队采用，并取代"巴祖卡"火箭筒，成为美军主要的单兵反坦克武器。截至2021年该火箭筒仍在服役。

基本参数	
口径：66毫米	
全长：881毫米	
总重：2.5千克	
炮口初速：145米/秒	
有效射程：200米	

M72火箭筒示意图

M72 火箭筒采用了一种简单但极可靠且安全的电作用保险系统。此保险系统的作用原理如下。透过撞击目标使其前方所放置的矿物结晶产生极短暂的电流，用以启动弹头。一旦弹头启动之后，位于弹头底部的推进药即被引燃，并引爆主装药。主装药所产生的强大推进力迫使弹头内的铜质衬垫形成定向性的物质喷流。此喷流的强度取决于弹头之大小，并可穿透相当厚度之装甲。

M72 火箭筒试射

美军士兵训练使用 M72 火箭筒

美国 M202 FLASH 火箭筒

M202 FLASH（FLASH 是 FLame Assault SHoulder Weapon 的缩写，意为肩射式火焰进攻武器）是美军使用一种四管便携式火箭筒，设计比较新颖，名义上是美军的制式装备，但自 20 世纪 80 年代中期开始，很少在战场上看见它的身影。

M202 FLASH 火箭筒有 4 个发射管，可装载口径 66 毫米燃烧火箭弹，使用的 M74 火箭配有 M235 弹头，每个弹头内装有约 0.61 千克的燃烧剂。与一般弹头不同的是，M235 弹头使用经过聚异丁烯增稠的三乙基铝而非凝固汽油作燃烧剂。

三乙基铝是一种有机金属化合物，性质极不稳定，具有遇空气即自燃的特性，燃烧温度可达 1200 摄氏度。三乙基铝燃烧时发出耀眼白光，放热远胜汽油或凝固汽油，无须接触，仅凭热辐射即可烧伤皮肤。

M202 FLASH 火箭筒示意图

基本参数	
口径：	66毫米
全长：	883毫米
总重：	12.07千克
炮口初速：	114米/秒
有效射程：	750米

电影《独闯龙潭》中施瓦辛格使用 M202 FLASH 火箭筒的镜头

士兵使用 M202 FLASH 火箭筒

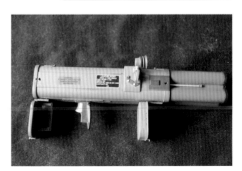

测试中的 M202 FLASH 火箭筒

苏联 / 俄罗斯 RPG 火箭筒

　　RPG（Rocket Propelled Grenade，意为火箭推进榴弹）火箭筒是由苏联研发的一款反装甲（人员）武器，由于造价低廉、使用便捷，一度是苏联主打反装甲武器，同 AK 系列突击步枪一起号称为苏联"20世纪步兵武器之王"。

　　RPG 火箭筒由火箭助推穿甲高爆弹头（也可改换反单兵云爆弹或普通破片榴弹）和可重复再装弹的带握把筒状发射管组成（部分型号的 RPG 采用"用后即抛"的一次性发射管，不能重复装弹），特点是轻便、造价低廉、操作简单而火力强大，人称"步兵大炮"或"迷你大炮"。装配穿甲高爆弹头的 RPG 非常适合摧毁装甲薄弱、防护力低下的交通工具，例如高机动车、运输车、轻型坦克，甚至直升飞机。此外，使用云爆弹头的 RPG 则适用于消灭躲藏在地面建筑物、碉堡或地下掩体的敌人。

基本参数	
口径：105.2毫米	
全长：1000毫米（携行状态）	
总重：18.8千克	
炮口初速：280米/秒	
有效射程：500 米	

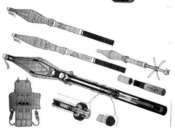

RPG 火箭筒示意图

美军试射 RPG-7 火箭筒

RPG 火箭筒发射的瞬间

　　RPG 火箭筒的主要型号如下。

主要型号	武器说明
RPG-7	在众多型号中，RPG-7 是最成功的，于 1961 年开始苏军服役。自此以后，世界上起过 40 个国家的军队都有装备 RPG-7，甚至在多国都有进行仿制
RPG-7V2	可使用 TBG-7V 燃料空气炸弹和 OG-7V 破片弹型榴弹，以执行不同的任务
RPG-27	主要在短距离反坦克战时使用，发射 PG-27 HEAT 火箭弹
RPG-28	RPG-28 具有比 RPG-27 更大的火箭弹直径，能够实现更高的穿甲性能
RPG-29	可以发射反装甲战斗车辆用途的 PG-29V 串联装药式弹头反坦克高爆火箭弹和反人员用途的 TBG-29V 温压 /FAE 火箭弹，前者足以击毁现代各种主战坦克的正面装甲
RPG-32	由俄罗斯和约旦联合研制及生产的手提式双口径（72 毫米和 105 毫米）火箭筒

德国／新加坡／以色列"斗牛士"火箭筒

"斗牛士"（Matador）火箭筒是由德国、新加坡和以色列三国联合开发的，是同类产品中最轻巧的一款，于2000年开始研制，它取代了从20世纪80年代开始在新加坡服役的德国"十字弓"火箭筒。

"斗牛士"火箭筒是世界上最知名的、能够击毁装甲运兵车和轻型坦克的火箭筒之一。它发射的串联弹头高爆反坦克弹火箭弹，采用了具有延迟模式引信的机械装置，能够在双重砖墙上造成一个直径大于450毫米的大洞，因此可作为对付那些躲藏在墙壁背后敌方的一种反人员武器，为城镇战斗提供了一种房舍突进的非常规手段。由于高精度武器系统的推进系统设计，因此风向、风速对"斗牛士"发射的火箭弹不会有太大影响。

基本参数	
口径：90毫米	全长：1000毫米
总重：11.5千克	炮口初速：250米/秒
有效射程：500米	

武器展会上的"斗牛士"火箭筒

以色列士兵与"斗牛士"火箭筒

"斗牛士"火箭筒试射

德国"铁拳"3火箭筒

"铁拳"（Panzerfaust）3火箭筒是由德国狄那米特（Dynamit）公司于20世纪70年代研制的，于1992年投入德国联邦国防军服役，曾多次参与大大小小的局部战争，有着不俗的表现。

"铁拳"3火箭筒发射管的后方填充了大量的塑料颗粒，在发射时通过无后坐力的平衡质量原理将塑料颗粒从武器后方喷出。这些塑料颗粒能够减少发射以后明亮的喷焰和扬起的尘土，使得"铁拳"3火箭筒能够安全地在一个狭小、封闭的空间发射。"铁拳"3火箭筒的主要缺点是只能够单发射击，而且士兵往往需要很危险地接近以打击目标。

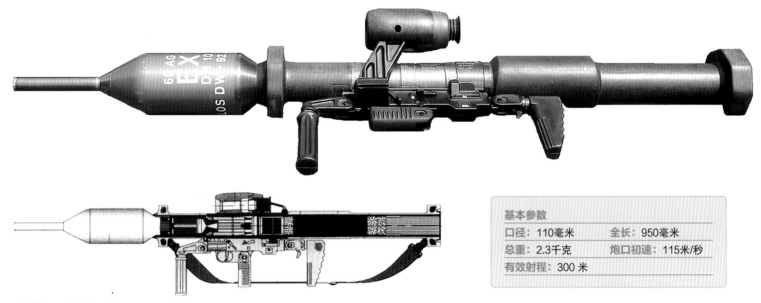

"铁拳"3火箭筒示意图

基本参数	
口径：110毫米	全长：950毫米
总重：2.3千克	炮口初速：115米/秒
有效射程：300米	

雪地战斗中的"铁拳"3火箭筒

德军士兵与"铁拳"3火箭筒

德国"十字弓"火箭筒

　　20世纪60～70年代，在德国狄那米特公司研发"铁拳"3火箭筒的同时，梅塞施密特－伯尔科－布洛姆（Messerschmitt–Bölkow–Blohm）公司也在进行同类型武器的研发，其产品就是"十字弓"（Armbrust）火箭筒。该火箭筒曾特许新加坡技术动力公司生产。

　　"十字弓"火箭筒的设计使它成为可以安全地在任何狭小、封闭的空间内直接发射。火箭弹的推进装药位置被设置在两个活塞之间，前面的是火箭弹，而后面的是大量塑料颗粒（和"铁拳"3火箭筒类似）。推进装药在武器发射的时候膨胀，推动两个活塞。火箭弹会从发射筒前面被喷出来，而塑料颗粒则从筒后喷出。发射筒两端的活塞在发射后会堵塞起来，将炽热气体密封于筒内。

基本参数	
口径：	67毫米
全长：	850毫米
总重：	6.3千克
炮口初速：	210米/秒
有效射程：	300米

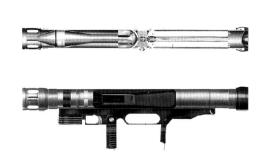

"十字弓"火箭筒示意图

士兵使用"十字弓"火箭筒

"十字弓"火箭筒发射时的后视角

德国 RPzB 火箭筒

RPzB（德语 Raketenpanzerbüchse 的缩写，意为反坦克火箭步枪）火箭筒，是二战期间德军的主要反坦克武器，与同时期的美军"巴祖卡"火箭筒相比，它的威力更胜一筹，可贯穿厚达 200 毫米厚度的装甲。然而就当时而言，没有坦克的装甲厚度能够达到这个级别，因此 RPzB 火箭筒得名"坦克杀手"或"战车噩梦"。

RPzB 火箭筒早期型号为 RPzB 43，不过由于其设计存在一些漏洞，因此很快就被 RPzB 54 型取代。RPzB 54 型的主要改进是加装了防盾，这样射手就无须再穿着防护服了。RPzB 54 采用改进的 RP.Gr.4992 型火箭弹，有效射程达至 200 米。此外，它的改进型 RPzB 54/1 型缩短了发射筒，使全重减至 9.5 千克，而射程和威力不减。

基本参数	
口径：88毫米	
全长：1640 毫米	
总重：9.5千克	
炮口初速：110米/秒	
有效射程：150米	

RPzB 火箭筒示意图

二战期间的 RPzB 火箭筒

士兵在为 RPzB 火箭筒填充弹药

德军 RPzB 火箭筒战斗组

瑞典 AT-4 火箭筒

AT-4 火箭筒是由瑞典博福斯（Bofors）公司设计生产的一款单发式单兵反坦克武器，于 20 世纪 60 年代后期推出，截至 2021 年仍是世界各国使用最广泛的反坦克武器之一，在近 30 个国家的军队中服役。值得一提的是，该武器在美军的受欢迎度远超过 M72 火箭筒。

基本参数	
口径：84毫米	
全长：1016毫米	
总重：6.7千克	
炮口初速：285米/秒	
有效射程：300米	

AT-4 是一种无后坐力火箭筒,这代表火箭弹向前推进的惯性与炮管后方喷出的推进气体的质量达成平衡。因为这种武器几乎完全不会产生后坐力,因此可以使用其他单兵所不能使用、相对更大规格的火箭弹。另外,因为炮管无须承受传统枪炮要承受的强大压力,因此可以设计得很轻。此设计的缺点是它会在武器后方产生很大的火焰区域,可能对邻近友军甚至使用者造成严重的烧伤和压力伤,因此 AT-4 在封闭地区使用并不方便。

美军士兵使用 AT-4 火箭筒

俄罗斯士兵使用 AT-4 火箭筒

AT-4 火箭筒发射瞬间

苏联/俄罗斯 RPO-A "大黄蜂" 火箭筒

RPO-A "大黄蜂" 是由苏联机械制造设计局生产的一款单兵便携式火箭筒,于 20 世纪 80 年代被苏军定为制式武器,至今仍是俄罗斯主要的火箭筒之一。RPO-A "大黄蜂" 在苏军服役一段时间后,机械制造设计局又推出了其改进型 RPO-M,比先前的版本更符合人体工程学,并采用了一种有着更高弹道性能和终端效果的弹药,最大射程也增至 1700 米。

基本参数	
口径:	93毫米
全长:	920毫米
总重:	11千克
炮口初速:	125米/秒
有效射程:	20~1000米

装备 "大黄蜂" 的士兵

RPO-A "大黄蜂"是一种单发式、一次性便携式火箭筒，发射筒为密封式设计，士兵能够随时让武器处于待发状态，并可在不需任何援助的情况下发射武器。在发射后，发射筒就要被丢弃。该火箭筒有多种型号，每种型号都有着类似的特性。它所发射的火箭弹有3种不同的种类，最基本的弹药为RPO-A，它有着一枚温压的弹头，是为攻击软目标而设计；RPO-Z为一种燃烧弹，用途为纵火并烧毁目标；RPO-D是一种会产生烟雾的弹药。

正在使用"大黄蜂"的士兵

在博物馆参展的"大黄蜂"火箭筒

3.2 手榴弹

美国 Mk 2 手榴弹

Mk 2是美军二战时期使用一款手榴弹，由于外形酷似菠萝，因此也称"菠萝手榴弹"，后被M67手榴弹取代。值得一提的是，将Mk 2手榴弹引信摘除后，装上M9或M9A1式反坦克枪榴弹的尾管，可做枪榴弹使用，通过枪榴弹发射器用空包弹发射，射程约150米。

Mk 2手榴弹的爆炸杀伤半径是4.5～9米，但弹片可杀伤至45.7米，所以要求士兵在投弹后卧倒直至手榴弹爆炸。除普通弹外，Mk 2还有强装药弹、发烟弹、训练弹等弹种，外形和普通弹是一样的，靠不同的涂装区别，例如强装药弹体橙色、发烟弹弹颈涂黄色带、训练弹弹体蓝色等。

从左至右依次为强装药弹、发烟弹、训练弹

基本参数	
全长：	111毫米
总重：	595克
引爆方式：	5秒延迟信管

草地上的 Mk 2 手榴弹

美国 M18 烟雾弹

在特种作战时，例如人质解救作战、反劫机作战和制服恐怖分子等，如果不费一枪一弹就能完成任务，无疑是最好的解决方式之一。基于此，美国陆军在二战结束后，以原有的烟雾弹为基础，开发了一种具有躲避红外线、微波等功能，且发烟时间短、烟雾保持时间长的 M18 烟雾弹。

M18 烟雾弹主要作为掩护、分散敌人注意以及发送信号等用途，是一种非致命的武器，除非不正确的使用才会造成损伤。其内部包含了一个钢铁容器，以及几个专为放射气体所制造的孔眼（位置在于烟雾弹的头尾两端）。值得注意的是，在使用 M18 烟雾弹时，使用者也必须注意当时的风向，以方便击中目标。

基本参数	
烟雾保持时间：	50 ~ 90秒
总量：	538克

战斗演习中的 M18 烟雾弹

制造烟雾中的 M18 烟雾弹

美国 M67 手榴弹

进入 21 世纪后，Mk 2 手榴弹的弊端开始显现出来，包括体积略大、杀伤力不足等。为了能取代它，美军开始寻找更新型的手榴弹。之后，美国一家小型军械公司按照美军的要求设计出了 M67 手榴弹。由于该手榴弹外形酷似苹果，因此又被称为"苹果手榴弹"。

M67 是一种碎片式手榴弹，主要使用于美国与加拿大军队，加拿大的编号是"C13"。M67 手榴弹装有 3 ~ 5 秒的延迟信管，可以轻易地投掷到 40 米以外。爆炸后由手榴弹外壳碎裂产生的弹片可以形成半径 15 米的有效范围，半径 5 米的致死范围。

基本参数		
直径：63.5毫米	总重：400克	
引爆方式：4秒延迟信管		

M67 手榴弹特写

美军单兵装备库中的 M67 手榴弹

美国 M84 闪光弹

在反恐任务中，为了不误伤到人质和己方士兵，美军推出了一款新型武器——M84 闪光弹。和手榴弹一样，M84 闪光弹也属于一种单兵投掷武器，又称致盲弹、炫目弹或眩晕弹等，是一种以强光阻碍目标视力功能的一种轻型非致命性武器，为战术性的辅助工具之一。

M84 闪光弹经过投掷后，会燃烧镁或者钾以产生令人炫目致眩晕的强光，致使被攻击目标于短时间内有短暂性失明，使目标顿时丧失反抗能力。

由于 M84 闪光弹爆炸时不会产生攻击性的伤害碎片，故此广泛地被特种警察部队用于拯救人质事件等。除了以人为目标外，M84 闪光弹还被用以投掷坦克上的光学器材，致使探测器失去了探测能力。

M84 闪光弹俯视图

美军中的 M84 闪光弹

M84 闪光弹与手枪

基本参数	
全长：133毫米	直径：44毫米
总重：236克	

苏联 / 俄罗斯 F-1 手榴弹

F-1 是苏联于二战时期设计的反人员破片手榴弹，又名"柠檬"手榴弹，虽然已停产，但由于制造数量众多，进入 21 世纪在战场上仍有出现。

与当时其他国家的防御手榴弹结构基本相同，F-1 手榴弹也由三大部分即引信、装药和弹体组成。弹体为铸造出的长椭圆形，表面有较深的纵横刻槽，底部是一个平面。F-1 因采用引信不同，可分为早期型和后期型。早期的 F-1 使用克凡什尼科夫引信，也称 K 型引信。在 RG-42 手榴弹出现后，F-1 又开始使用 UZRGM 引信，这两种引信是苏联后来多种无柄手榴弹通用的引信。

F-1 手榴弹与 RGD-5 手榴弹、M67 手榴弹

苏军士兵（手拿"波波沙"冲锋枪，腰间挂有 3 颗 F-1 手榴弹）

基本参数	
全长：130毫米	直径：55毫米
总重：600克	

苏联 RGD-33 手榴弹

RGD-33 是一种著名的有柄手榴弹，苏联在二战中大量装备使用过。F-1 手榴弹大量投产后，该手榴弹逐步停止了生产和使用。

RGD-33 手榴弹的弹体内置一层薄破片套，爆炸时会产生一定量的破片，在一定范围内飞散杀伤，多作为进攻型手榴弹使用。而进一步安装可拆卸的外置重型破片套后，破片数量和质量会大幅提高，而杀伤范围也变大许多，多用于防御。此时投掷后要注意隐蔽，防止被破片所伤。

由 RGD-33 手榴弹制成的集束炸弹

苏军士兵投掷 RGD-33 手榴弹

基本参数

全长：130毫米	直径：55毫米
总重：600克	

苏联 / 俄罗斯 RG-42 手榴弹

RG-42 是苏联在二战期间紧急开发的手榴弹，目的是为了取代 RGD-33 手榴弹。该手榴弹的独特之处在于不再使用铸铁弹体，而是用薄铁板冲压而成。

在当时世界上大多数手榴弹还在使用铸铁弹体的情况下，RG-42 手榴弹的工艺可谓独特而先进。它的外观为圆柱形，可分为上盖和弹体两个部分。上盖中心部位压接有一引信座，引信座内加工有螺纹，引信通过引信座旋入弹体。如果去除引信的话，看起来酷似一个军用罐头。

RG-42 手榴弹

现代的 RG-42 手榴弹

基本参数

全长：130毫米	直径：55毫米
总重：420克	

苏联／俄罗斯 RGD-5 手榴弹

RGD-5 是苏联在二战后研制的一种手榴弹，于1954年开始列装军队，至今仍然在许多国家中服役。

基本参数

基本参数	
全长：117毫米	总重：310克
直径：58毫米	
引爆方式：保险丝引信	

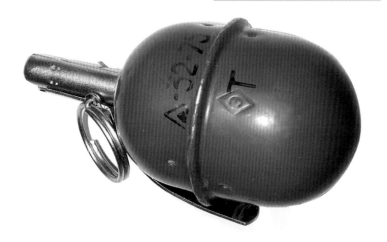

绿色涂装的 RGD-5 手榴弹

黑色涂装的 RGD-5 手榴弹

RGD-5 手榴弹内装有110克梯恩梯（TNT）炸药，总重量达310克，比二战时生产的F1手榴弹更轻。虽然目前距离它的诞生已有相当长一段时间了，但俄罗斯仍有大量库存，一些国家也有生产其仿制品。这主要是因为 RGD-5 手榴弹的生产成本低、便于生产和杀伤力较大且可控等。另外，RGD-5 手榴弹有一种专为训练而设计的改型，该改型称为 URG-N，其弹体上通常都会印有黑白两色的标记。

德国 24 型柄式手榴弹

24 型柄式手榴弹是德国在一战时期推出的一种长柄式手榴弹，并在二战中使用。这种手榴弹采用了其他国家手榴弹中非常少见的摩擦点燃装置，不过这在德制手榴弹中却相当常见。

基本参数	
全长：365毫米	
直径：70米	
总重：595克	

24 型柄式手榴弹是进攻型手榴弹，它是在薄壁钢管中填入高爆炸药，依靠爆炸威力杀伤敌人，而非防御型手榴弹的破片式杀伤。在投掷距离上，由于柄状手榴弹的握柄提供了力臂，所以 24 型柄式手榴弹可比圆形手榴弹投掷得更远，约为 27.43 ～ 36.58 米。

德国 39 型卵状手榴弹

39 型卵状手榴弹是二战期间德军研发的一种爆炸武器，于 1939 年开始生产，直至战争结束。

39 型卵状手榴弹的弹体是由上下两截半卵形薄铁皮焊接的卵形壳体组成；引信是拉发火件，其结构与 39 型柄式手榴弹基本相同，只是将拴拉线的磁球改为卵形拉发火柄。该手榴弹的标准爆炸延期时间是 4 ~ 5 秒，最短的延期时间只有 1 秒。这种短延期引信主要用在需要投掷后立即发火的场合，例如将其引信连着一座建筑物的门框，当门被打开时，手榴弹会马上引爆（这种又称诡雷）。

39 型卵状手榴弹

基本参数	
全长：	130毫米
直径：	55毫米
总重：	420克

德国 39 型柄式手榴弹

39 型柄式手榴弹是 20 世纪 30 年代末开始装备德军的制式手榴弹，是二战期间德军装备和使用的标准手榴弹之一。

39 型柄式手榴弹的弹体中心是雷管套，雷管放在雷管套内之后，再在上面装木柄连接座，连接座与壳体之间用螺钉连接，涂沥青油防潮。拉发火件装在中空木柄内，是一个独立的部件，由拉火绳、小铜套、摩擦拉毛铜丝、拉毛铜丝底盘、铅管、延期药、钢管、黄铜套管和底盖等零件组成。

39 型柄式手榴弹

基本参数	
全长：	356毫米
装药量：	200克
总重：	624克

德国 PWM 反坦克碰炸手榴弹

PWM（Panzerwurfmine 的缩写，意为装甲投掷雷）是一种由德国开发并在二战中生产使用的反坦克碰炸手榴弹。

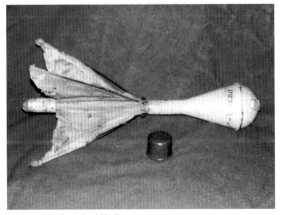

PWM 反坦克碰炸手榴弹

基本参数	
全长：	533毫米
直径：	114毫米
总重：	1千克

PWM 的前部为半球形金属整流罩，弹体为圆锥形，内部为空心装药的 TNT 炸药。弹体后部为木柄，木柄末端装有引信。引信由击针、雷管等部件组成，平时击针被保险帽固定住。木柄内装有传爆药，引信起爆后引燃传爆药，再由传爆药引发弹体内的炸药。木柄的外部则为用于稳定的定向伞，定向伞是四片三角形的帆布，这些帆布安装在连接着弹簧的骨架上，行军状态下依靠保险帽收缩在一起。

3.3 地雷

美国 M14 地雷

M14 地雷是美国于 20 世纪 50 年代研发的，为盘形弹簧结构，在引信向下受压后弹出破片来杀伤敌人。

由于是塑胶制造，M14 地雷在布置后难以发现，后期被改为钢制底盘以便于排除。美军于 1974 年开始停止使用 M14 地雷，但仍被大量国家仿制，如印度。

埋在沙地中的 M14 地雷

基本参数	
重量：100克	直径：56毫米
高度：40毫米	爆压力：9～16千克

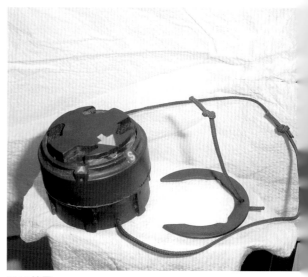

M14 地雷

美国 M18A1 地雷

M18A1 地雷（左至右依次为引爆器、地雷本体、引线）

基本参数	
全高：275毫米	总重：3千克

M18A1 是美军于 20 世纪 60 年代所研发制作的定向人员杀伤地雷（也称反步兵地雷），它具有极佳的防水性，浸泡于盐水或淡水 2 小时之后仍可正常使用。截至 2021 年，除美军外，还有数十个国家在使用，其中包括澳大利亚、柬埔寨和英国等。

M18A1 地雷内有预制的破片沟痕，因此爆炸时可使破片向一定之方向飞出，再加上其内藏的钢珠，可以造成极大的伤害。其爆炸杀伤范围包括前方 50 米，以 60 度广角的扇形范围扩散；而高度则为 2～2.4 米。其钢珠的最远射程甚至可达 250 米，包含了 100 米左右的中度杀伤范围。由于 M18A1 地雷较轻，因此其不但可埋设在路面上，也可挂设在树干或木桩上制成诡雷。

美军训练拆除 M18A1 地雷

美国海军陆战队一名士兵正在安装 M18A1 地雷

苏联仿 M18A1 地雷制造的 MON-50 地雷

美国 XM93 地雷

XM93 地雷是美军用来攻击坦克顶部装甲的一种智能反坦克地雷，由 8 条稳定支腿和 1 个传感器阵列（内设有 3 个微音器和 1 个地雷探测器）组成。

XM93 地雷布设后，对目标的探测、识别、确认与击毁均自动进行，最大作用距离为 400 米，并可远距离遥控。当传感器阵列在 100 米毁伤半径内探测到坦克到来后，立即进行跟踪，并测定坦克的行进方向和速度，由微处理机计算出坦克运行轨迹，然后控制子弹药发射装置处于准确的发射角度，同时计算出子弹药飞行轨迹与坦克运行轨迹的交汇点，使子弹药旋转对准目标，适时点火起爆，通过爆炸成型战斗部击穿坦克顶甲。

布设完好的 XM93 地雷

美国 AHM 反直升机地雷

AHM 反直升机地雷可用人工、火箭炮、陆军战术导弹或"火山"布雷系统布设。当友方部队通过时，它可通过编程传感器关闭雷场，防止造成误伤。

AHM 反直升机地雷由传感器和战斗部、指挥控制三大部分组成，探测与识别系统采用了高技术传感器，具有全天候工作能力。它可以通过声传感器和信处理器探寻直升机螺旋桨叶片的独特声响，并能分辨直升机的类型，其可靠性达 90%，防御范围为半径 400 米、高度 200 米以下的空域，战斗部的有效距离在 100 米以上。

美国 AHM 反直升机地雷

德国 HHL 地雷

HHL 地雷是一种著名的反坦克武器，二战期间曾是德军单兵标准配备的反坦克武器之一。在更有效的步兵反坦克武器大量装备德军部队之后，HHL 于 1944 年 5 月停产，至此它的总产量超过了 55.5 万枚。

基本参数	
全高：	275毫米
总重：	3千克
引爆方式：	延迟4.5秒摩擦式引信

HHL 地雷的结构相当于一般成型装药高爆弹与手榴弹的相结合，采用圆锥形结构，圆锥顶端安装有类似 24 型柄式手榴弹的摩擦引信。圆锥底部的 3 对磁铁可以方便地附在坦克装甲上。HHL 可以击穿 140 毫米厚的均制钢装甲（或者 500 毫米厚的混凝土），也就是说，只要将其正确放置到坦克装甲之上，就肯定能够击毁它。因此，尽管它也是一种"零距离"的反坦克武器，但是二战期间很多东线德国士兵还是很喜欢使用它。

HHL 地雷

日本 99 式反坦克手雷

二战期间，为了对抗坦克这种重装甲装备，各国都开始研发反坦克武器，日本也不例外，在日军中就有一种专门攻击坦克的武器——99式反坦克手雷。该手雷于1939年量产，也可以当投掷用炸弹。

99式反坦克手雷中央雷体是用麻布包裹的钢体罐，内装1.3千克一号淡黄炸药，四边镶有磁铁，使用时拔掉延迟10秒雷管后向敌装甲目标投出，可炸毁装甲厚小于140毫米的车辆，投掷时由于有磁铁故会吸附于敌装甲车上。

99 式反坦克手雷

【战地花絮】

99式反坦克手雷是在炸药上加上磁铁，并无采用聚能设计的锥形装药，引爆时爆风是向四面八方扩散而无集中一点成为穿甲喷流，因此反装甲威力不足。这一点在诺门罕战役中得到了证实，当时需要用6个99式反坦克手雷才能炸毁一辆苏军BT坦克。另外值得一提的是，为了应对这磁铁吸附式地雷，美军不得不在己方坦克的外围加装木板。

基本参数			
全高：38毫米		直径：128毫米	
总重：1300克			

3.4 其他爆破武器

美国 M2 火焰喷射器

M2是美国二战期间研发的一款火焰喷射器，有极强的战斗效果。然而，随着后来坦克装上了火焰喷射器，M2火焰喷射器逐步被淘汰。

M2火焰喷射器分为两个部分。第一部分是由士兵背在背部的三个罐子，其中两个大小相等的罐子是装载着混合了柴油和汽油的燃料，而一个较小的是装载着在压力容器内部的推进剂氮。氮气罐位于两罐汽油罐之间和较顶端位置，三个罐子可以安装在一个背包式支架上，并且大量使用帆布包覆着，有四条帆布材料的背带，射手在休息时仍然可以背在背面。第二部分是火焰喷射器的握把及喷嘴，通过后端的一条软管连接到罐子。尽管M2火焰喷射器实际的"焚烧时间"只有47秒左右，而且火焰的有效焚烧范围只有大约20～40米，但它仍然是一种有实用性的武器，并且在许多的战争之中使用。

M2 火焰喷射器

基本参数	
总重：30.84千克	
有效射程：19.96米	
最大射程：40.23米	

二战期间美军士兵使用 M2 火焰喷射器

背负 M2 火焰喷射器的美军士兵

美国 M112 爆破炸药

M112型爆破装药由567克C4炸药组成，采用聚酯薄膜包装，其中一个面上有压力敏感黏胶带，以方便M112爆破炸药能够固定在指定位置。M112爆破炸药的黏胶带在0摄氏度以上时可黏附在任何相对平滑、干燥的物体表面。

此外，它还可以裁截成任意形状，或从聚酯薄膜包皮中取出，用手捏成合适的形状。在装药爆炸时，炸药瞬间转变为压缩气体，以冲击波的形式产生压力，从而完成切割、清障或炸坑爆破。

条状的 M112 爆破炸药

美国 BGM-71 "陶" 式反坦克导弹

BGM-71"陶"式反坦克导弹是美国休斯飞机公司研制的一种管式发射、光学瞄准、红外自动跟踪、有线制导的重型反坦克导弹武器系统，1970年开始服役。"陶"式导弹的发射平台种类多，使用较为灵活。M220发射器是步兵在使用"陶"式导弹时的发射器，但也可架在其他平台上使用。这种发射器严格来说可以单兵携带，但非常笨重。

"陶"式导弹的弹体呈柱形，前后两对控制翼面。第一对位于弹体，4片对称安装，为方形；第二对位于弹体中部，每片外端有弧形内切，后期改进型的弹头加装了探针。"陶"式导弹的发射筒也是柱形，自筒口后三分之一处开始变粗，明显呈前后两段。

美国士兵正在使用"陶"式导弹

美国士兵正在填装"陶"式导弹

基本参数	
长度：1510毫米	直径：152毫米
翼展：460毫米	重量：22.6千克
最大速度：320米/秒	有效射程：4.2千米

美国 FGM-148 "标枪" 反坦克导弹

FGM-148 "标枪"（Javelin）导弹是美国德州仪器公司和马丁·玛丽埃塔公司联合研发的单兵反坦克导弹，1996年正式服役，现由雷神公司和洛克希德·马丁公司生产。"标枪"导弹的主要用户除了美国外，还有英国、法国、澳大利亚、沙特阿拉伯、阿联酋、阿塞拜疆、新西兰、挪威、立陶宛、印度、印度尼西亚、捷克、巴林、格鲁吉亚、爱尔兰、约旦、卡塔尔和阿曼等。

"标枪"导弹是世界上第一种采用焦平面阵列技术的便携式反坦克导弹，配备了一个红外线成像搜寻器，并使用两枚锥形装药的纵列弹头，前一枚引爆任何爆炸性反应装甲，主弹头贯穿基本装甲。"标枪"导弹系统的缺点在于重量大，其设计为可由单兵步行携带，但重量比原本陆军要求的要高，此系统的重量和正常战斗负重使"标枪"小队成为美国陆军部署负荷最重的基本步兵单位。

基本参数			
长度：1100毫米		直径：127毫米	
弹头重量：8.4千克		总重量：22.3千克	
最大速度：136米/秒		有效射程：4.75千米	

美国陆军士兵发射 FGM-148 "标枪" 导弹

发射状态的 FGM-148 "标枪" 导弹

美国 FIM-43 "红眼" 防空导弹

FIM-43 "红眼" （Redeye）导弹是美国在二战后设计的一种便携式防空导弹，因前端采用红外导引装置的样式而得名。FIM-43 "红眼" 导弹曾一度是美国步兵主要的地对空武器，其优点是威力巨大、比较便携，缺点就是重量大、后推力大、不稳定、射程不够远，以及射击精准度有时也达不到作战任务的需求。因此，后来它被 FIM-92 "毒刺" 导弹取代。尽管如此，FIM-43 "红眼" 导弹仍在便携式防空导弹领域中占有较重的地位。

FIM-43 "红眼" 导弹采用被动式红外线导引，使用时射手将其托在肩上并对着敌机用光学瞄准镜瞄准，然后开动导弹的红外线导引头，这样导弹就会自动锁定目标并发出响声告诉射手已锁定目标，射手只要扳动扳机就可以发射导弹。

美军士兵正在操作 FIM-43 "红眼" 导弹

装备 FIM-43 "红眼" 导弹的士兵

基本参数	
长度：1200毫米	直径：70毫米
翼展：140毫米	重量：8.3千克
最大速度：578米/秒	有效射程：4.5千米

FIM-43 "红眼" 左侧方特写

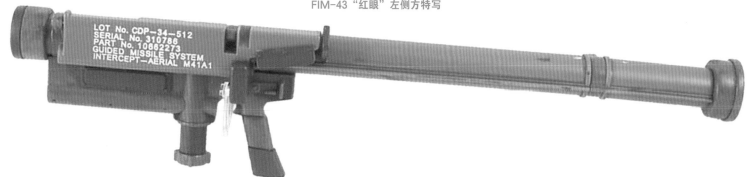

美国 FIM-92 "毒刺" 防空导弹

FIM-92 "毒刺"（Stinger）导弹美国研制的便携式防空导弹，主要用于战地前沿或要地的低空防御。"毒刺"导弹设计为一种防御型导弹，虽然官方要求两人一组操作，但是单人也可操作。"毒刺"导弹也可装在"悍马"车改装的平台上，或者 M2 "布拉德利"步兵战车上。

一套"毒刺"导弹系统由发射装置组件和一枚导弹、一个控制手柄、一部敌我识别（IFF）询问机和一个氩气体电池冷却器单元（BCU）组成。发射装置组件由一个玻璃纤维发射管和易碎顶端密封盖，瞄准器、干燥剂、冷却线路、陀螺仪 – 视轴线圈以及一个携带吊带等组成。

基本参数	
长度：1520毫米	
直径：70毫米	
弹头重量：3千克	
总重量：15.19千克	
最大速度：748米/秒	
有效射程：8千米	

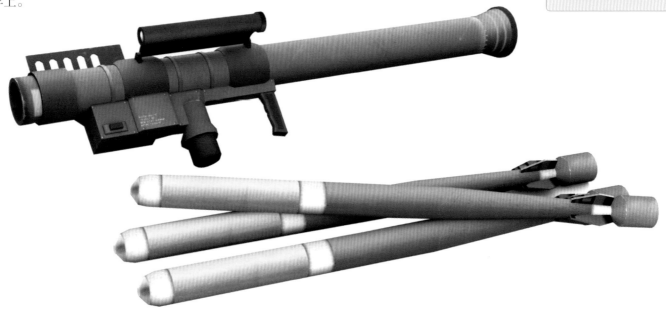

一名士兵正在试射 FIM-92 "毒刺" 防空导弹

发射中的 FIM-92 "毒刺" 防空导弹

使用 FIM-92 "毒刺" 导弹的美国海军陆战队两人小组

美国 M224 迫击炮

M224 是一种由美军开发与生产的前装式滑膛迫击炮，主要用于为地面部队提供近距离的炮火支援。M224 迫击炮可发射多种爆弹，其中包括 M888 高爆榴弹、M722 烟幕弹以及照明弹等。

整个 M224 迫击炮可以分解为炮筒、支架、底座和光学瞄准系统，可以在支座或单手持握两种状态下使用。握把上还附有扳机，当发射角度太小，依靠炮弹自生重量无法触发引信时，就可以使用扳机来发射炮弹。

基本参数	
口径：	60毫米
全长：	1000毫米
总重：	21.1千克
有效射程：	70~3490米
射速：	30发/分
供弹方式：	手动

发射中的 M224 迫击炮

士兵正在指导使用 M224 迫击炮

士兵正在搭建支座发射 M224 迫击炮

英国"星光"防空导弹

　　"星光"（Starstreak）防空导弹是英国研制的便携式防空导弹，1997年开始装备英国陆军，时至今日仍然在役。"星光"导弹最初被设计为一种单兵便携式快速反应的防空导弹系统，用以替代"吹管"

和"标枪"导弹。之后，在此基础上又发展了三脚架型、轻便车载型、装甲车载型以及舰载型等多种型号。

　　"星光"导弹发射时，先由第一级新型脉冲式发动机推出发射筒外，飞行300米后，

二级火箭发动机启动，在火箭发动机燃烧完毕后，环布在弹体前端的3个子弹头分离，由激光制导。"星光"导弹的瞄准装置包含两个激光二极管：一个垂直扫描，另一个水平扫描，构成一个二维矩阵。

英军士兵在测试"星光"防空导弹

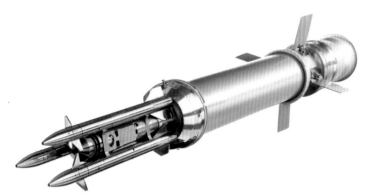

基本参数	
长度：	1397毫米
直径：	130毫米
弹头重量：	0.9千克
总重量：	14千克
最大速度：	1361米/秒
有效射程：	7千米

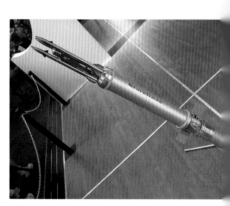

"星光"防空导弹在2006年9月非洲航宇防多

苏联/俄罗斯 9K32"箭"2 防空导弹

　　9K32"箭"2（Arrow 2）导弹是苏联设计的第一代便携式防空导弹，北约代号为SA-7"圣杯"（Grail），1968年开始装备部队，时至今日仍然在役。9K32"箭"2导弹还出口到20多个国家，其中印度引进后，主要装备步兵分队，可供单兵立姿或跪姿发射。用于打击低空、超低空目标。

9K32"箭"2防空导弹筒身细长，手柄之后的筒身呈无变化曲线。筒口段略粗，下方热电池/冷气瓶平行于筒身安装，瓶底有一细柄前伸。该武器所使用的导弹细长，采用两组控制面。第一组位于弹体底端，4片弹翼，似弹体的自然外张；第二组位于弹体前端，尺寸较小，弹头为钝圆形。

基本参数	
长度：	1440毫米
直径：	72毫米
弹头重量：	1.15千克
总重量：	9.8千克
最大速度：	500米/秒
有效射程：	2.3千米

俄军士兵试射9K32"箭"2防空导弹

"箭"2防空导弹发射瞬间

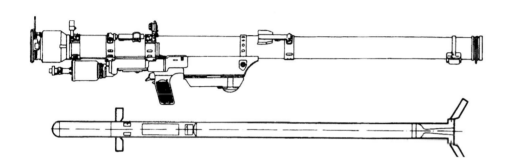

9K32"箭"2防空导弹示意图

苏联/俄罗斯 9K38"针"式防空导弹

9K38"针"式（Igla）防空导弹是苏联研制的便携式防空导弹，北约代号为SA-18"松鸡"（Grouse），1981年开始服役，时至今日仍然在役。9K38"针"式导弹内设有选择式的敌我识别装置，以避免击落友机，自动锁定能力和高仰角攻击能力使发射更方便，最低射程的限制也减少很多。火箭弹使用延迟引信，这样既能增大杀伤力，还能抵抗各种红外线反制手段。

9K38"针"式导弹的前舱内装有双通道被动红外导引头，包括冷却式

寻的装置和电子设备装置。电子设备装置形成制导指令，送到导弹控制舱。在战斗部引爆前的瞬间，导引头逻辑装置将瞄准点从目标的发动机尾焰区转向目标中部机体与机翼连接处。另外，弹头头部装有整流锥，可以增大导弹的速度和射程。

基本参数			
长度：	1574毫米	直径：	72毫米
弹头重量：	1.17千克	总重量：	10.8千克
最大速度：	646米/秒	有效射程：	5.2千米

装备 9K38 "针" 式导弹的士兵

在博物馆参加展览的 9K38 "针" 式导弹

正在使用 9K38 "针" 式导弹的士兵

俄罗斯 9M131 "混血儿" M 反坦克导弹

9M131 "混血儿" M（Metis M）导弹是俄罗斯研制的便携式反坦克导弹，北约代号为 AT-13 "萨克斯" 2（Saxhorn 2），1992 年开始服役，时至今日仍然在役。

9M131 "混血儿" M 导弹方便在城市作战中快速运动携带，攻击装甲目标击毁率高，具有多用途使用特点，成本低且利于大量生产装备。该导弹采用半自动指令瞄准线制导，作战反应时间为 8 ~ 10 秒。"混血儿" M 导弹的攻击力来自两种战斗部。一种是对付爆炸式反应装甲的改进型 9M131 导弹，在清除反应装甲后还能侵彻 800 ~ 1000 毫米厚的主装甲。另一种是用于对付掩体及有生力量的空气炸弹，采用燃料空气炸药战斗部，可对付掩体目标、轻型装甲目标和有生力量。

士兵正在使用 9M131 导弹

基本参数	
长度：980毫米	直径：130毫米
弹头重量：4.95千克	总重量：13.8千克
最大速度：200米/秒	有效射程：2千米

展览中的 "混血儿" M 反坦克导弹系统

日本91式便携防空导弹

　　91式防空导弹是日本东芝公司研制的便携式防空导弹，1994年开始装备部队，时至今日仍然在役。91式防空导弹具有全向攻击能力，抗干扰能力也比较强。当制导系统锁定目标后，成像导引头储存目标图像，这样可提高图像解析能力，制导精度也随之提高。日本自卫队宣称，91式防空导弹比美国"毒刺"导弹的精度更高。

　　91式防空导弹的整套系统包括导弹发射装置、外置电池盒、敌我识别系统、导弹本体和其他设备，部分部件可与美国FIM-92"毒刺"导弹互用。导弹推进剂使用固体燃料，发射筒在发射后会热变形，无法重复使用。

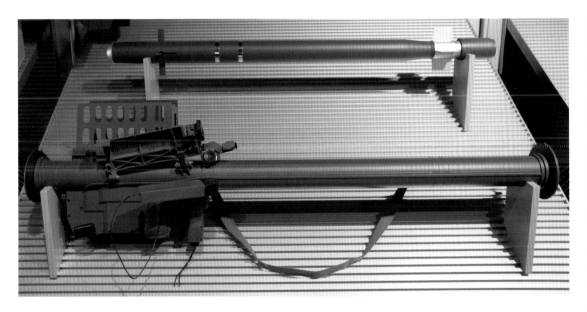

91式便携防空导弹尖端的导引

正在使用91式防空导弹的日本士兵

发射小组正在试射91式导弹

基本参数	
长度：	1430毫米
直径：	80毫米
弹头重量：	1.8千克
总重量：	11.5千克
最大速度：	646米/秒
有效射程：	5千米

瑞典"卡尔·古斯塔夫"无后坐力炮

"卡尔·古斯塔夫"（Carl Gustav）是由博福斯公司生产的单兵携带多用途无后坐力炮，第一支原型于1946年制造。21世纪以来，虽然类似的无后坐力炮已经普遍消失，但"卡尔·古斯塔夫"仍然被广泛使用。

"卡尔·古斯塔夫"无后坐力炮装有机械瞄具，但更常见的是利用左侧的光学瞄准镜支座上安装的3倍放大倍率连17度视野的光学瞄准镜瞄准。而在夜间瞄准时，可以使用内置氚光的照门及准星协助瞄准，但也可以使用热成像红外仪系统。可采用站姿、跪姿、坐姿或俯卧位进行射击，也可以在枪托组件的前面装上两脚支架固定于地面进行射击。

"卡尔·古斯塔夫"无后坐力炮特写

瑞典军事基地中的"卡尔·古斯塔夫"无后坐力炮

基本参数	
口径：84毫米	全长：1.1米
总重：8.5千克	炮口初速：255米/秒
有效射程：400米	最大射速：6发/分

"卡尔·古斯塔夫"无后坐力炮示意图

美军士兵使用"卡尔·古斯塔夫"无后坐力炮

瑞典 MBT LAW 反坦克导弹

MBT LAW 反坦克导弹的正式名称为"主战坦克及轻型反坦克武器"（Main Battle Tank and Light Anti-tank Weapon，简称 MBT LAW），它是瑞典和英国联合研制的短程"射后不理"反坦克导弹，被瑞典、英国、芬兰和卢森堡等国所使用。

MBT LAW 是一种软发射反坦克导弹系统，城镇战中步兵可以在一个封闭的空间之内使用它。在这个系统中，火箭首先使用一个低功率的点火从发射器里发射出去。在火箭经过好几米的行程直到飞行模式以后，其主要火箭就会立即点火，开始推动导弹，直到命中目标为止。MBT LAW 在设计理念上是为了给步兵提供一种肩射、一次性使用的反坦克武器，发射一次以后需要将其抛弃。

基本参数	
长度：1016毫米	
直径：150毫米	
翼展：200毫米	
总重：12.5千克	
最大速度：144千米/小时	
有效射程：600米	

正在操作 MBT LAW 反坦克导弹的士兵

装备 MBT LAW 反坦克导弹的士兵

苏联 ROKS 火焰喷射器

二战中，苏联使用的火焰喷射器主要有 ROKS-2 型和 ROKS-3 型两种，ROKS-3 型是在 ROKS-2 型的基础上改进而来的。

ROKS-2 型和 ROKS-3 型火焰喷射器的结构基本相同，由油瓶、压缩空气瓶、减压阀、输油管、喷枪和背具组成，其中喷枪类似于步枪，枪体较长并有枪托。ROKS-2 型战斗全重 22 千克，装油量 9 升，靠压缩空气使燃料喷出，持续时间达 6 ~ 8 秒。ROKS-3 型战斗全重 23 千克，装油量 10.5 升，能做 6 ~ 8 次的短促喷射和一次连续喷射，喷射距离 35 米左右。ROKS-2 型的油瓶和压力瓶均为扁平形，压力瓶较大；ROKS-3 型的油瓶和压力瓶改成圆柱形，压力瓶较小。连接油瓶和喷枪的输油软管有时会破裂，是火焰喷射器的薄弱环节。

ROKS 火焰喷射器

德国 Flammenwerfer 35 火焰喷射器

Flammenwerfer 35 是德国在一战后研制并广泛使用的单兵火焰喷射器。它的全重约为 38 千克，储罐装有 11.8 升十九号燃烧剂和压缩氮气，其有效喷射距离为 25 米，最大喷射距离 30 米。既可以一次喷射完所有的存油，也可以进行 15 次短点射。

Flammenwerfer 35 火焰喷射器

德国 Flammenwerfer 41 火焰喷射器

Flammenwerfer 41 火焰喷射器是二战期间德军喷火兵的标准装备，包括改进型号在内，其生产工作一直持续到二战结束，生产总量高达 6 万多具。

Flammenwerfer 41 火焰喷射器全重仅为 22 千克，燃剂罐和喷射剂罐采用分体双缸设计，配有背架和储罐固定架。可携带 7 升燃烧剂，喷射剂采用液氢，喷射剂罐容积 3 升，内容液氢 0.45 升，可进行 8 次短点射，射程为 20 ~ 30 米。1941 ~ 1942 年在东线寒冷地区使用时，Flammenwerfer 41 火焰喷射器出现了一些问题，经常出现冷喷的现象，针对该问题，德国军工部门对其点火装置做了部分修改，具体措施包括采用火药信管取代了原来的氢打火信管。

背负 Flammenwerfer 41 火焰喷射器的德军士兵

德国 50 毫米 LeGrW 36 迫击炮

50 毫米 LeGrW 36 是德国在二战中使用的一种轻型迫击炮。这种武器的设计目标是提供一种比手榴弹射程更远的投掷武器。直到 1938 年以前它使用的都是可以伸缩的炮筒，1941 年后发现这种复杂的设计和最初的设计意图不符。它的火力太弱，射程也太近，最初被用作排一级步兵单位的支援武器。每个标准德国步兵排中有一个炮兵班负责携带一具 LeGrW 36 迫击炮。

LeGrW 36 套装

LeGrW 36 示意图

基本参数					
口径：50毫米		全长：465毫米		炮弹重：0.9千克	
最大射程：520米		初速：75米/秒		回旋角度：33度~45度	

德国 81毫米 GrW 34 迫击炮

81 毫米 GrW 34 迫击炮是德国陆军在二战中使用的一种迫击炮。这种迫击炮的射速和射程都颇为优秀，在训练有素的士兵手中可以发挥出更大的威力。

该炮由莱茵金属公司负责设计，设计过程从 1922 年一直延伸到 1933 年，设计过程中参考了法国生产的 81.4 毫米迫击炮。它的生产过程从 1933 年一直进行到 1945 年，可以发射 3.5 千克重的高爆榴弹或是烟幕弹。正常情况下的射程约为 1000 米，给炮弹加装了 3 组额外的发射药后可使其射程提升至 2400 米。在单兵携带时，这种迫击炮可以分解为炮筒、底座和支架 3 个部分。

基本参数	
口径：	81毫米
全长：	1143毫米
炮弹重：	3.5千克
最大射程：	2400米
初速：	174米/秒
回旋角度：	10度~23度

在博物馆展览的 GrW 34

士兵使用 GrW 34 执行作战演习

德国"莫洛托夫鸡尾酒"炸弹

之所以称为"鸡尾酒"，是因为这种武器所填充的通常是两种或者多种不同密度的燃料，最为常见的成分是汽油加焦油；其中较轻的汽油是主要燃烧剂，焦油的主要作用是减缓汽油的流动性，这样可以使其在燃烧时达到较高的温度，同时也可以产生大量的烟雾。

德国的制式"莫洛托夫鸡尾酒"炸弹主要有两种：早期的使用火焰喷射器燃料和汽油按 1：2 的比例配置，后期的则采用粗苯和汽油的混合物（装在长 10 厘米的玻璃瓶内），后期型在保证威力的同时成本更低。这两种"莫洛托夫鸡尾酒"炸弹的玻璃瓶颈都缠有浸油粗麻纤维布带，供在投掷前点燃用。

第4章 尖峰刃口——冷兵器

它粗犷豪放、野性十足；它锋芒毕露、冷峻逼人；它无所畏惧、所向披靡。对于士兵来说，冷兵器是他们必备的进攻和防卫武器之一，即使在当代，使用冷兵器仍然是特种部队的必修课。下面将带您一览世界各国的名牌冷兵器，身临寒光拂面的惊魂战地。

美国兰博战术直刀

提及史泰龙就会想起电影《第一滴血》，片中史泰龙使用的刀具不仅外形霸气威武，且非常具有适用性，绝对让冷兵器爱好者向往。由于电影中史泰龙角色名为兰博，因此人们也称他使用的刀为兰博战术直刀。

20世纪80年代，演员史泰龙准备接拍一部铁血硬汉型的电影——《第一滴血》，在片中他饰演一个由于各方面原因被迫流露在丛林之中的退伍军人兰博。在丛林中，为了能更好地体现兰博"硬汉"的一面，美国联合刀具公司为其量身打造了一款战术直刀，即后来的兰博战术直刀。兰博战术直刀独特的外形和实用性在影片《第一滴血》的多个场景中得到充分展示，给观众留下深刻印象。最让人印象深刻的莫过于刀具后盖，拧开后盖，由一个塑料瓶装着火柴、渔钩、渔线和镁条等，东西不多，但都是野外生存最需要的东西。它的后盖翻过来是罗盘。

兰博与兰博战术直刀

刃口特写兰博战术直刀刃口特写

出厂待测试的兰博战术直刀

基本参数

总长度：	35.5厘米
刀刃长度：	23厘米
刃厚：	0.5厘米
刃宽：	3.5厘米

美国卡巴 1217 战术直刀

卡巴1217战术刀是由美国卡巴（Ka-bar）公司生产的，最开始推出的时间是1898年，但由于各方面原因，直到二战爆发后才被美军大量采用。战争期间，美国海军陆战队将卡巴1217作为标准的多用途刀。由于它可靠的实用性，其他部队也陆续采用。

基本参数

总长度：	30.48厘米
刀刃长度：	17.46厘米
刃厚：	0.4厘米
刃宽：	3厘米

卡巴 1217 战术直刀的刀身使用 1095 高碳钢制造，性能比较优秀，足以承担大部分的使用方式。该刀设有血槽，握柄由纯牛皮压制而成，防水性好，且具有相当程度的防滑性，还进行了防霉处理。握柄底端为一圆滑的铁环，除可避免钩到或刮破衣服外，还常被当作铁槌使用。

枯树干上的卡巴 1217 战术直刀

现代升级版卡巴 1217 战术直刀

美国战术战斧

战术战斧是由美国战斧（Tomahawk）公司设计生产的。20 世纪 60 年代，随着越南战争的爆发，美军经常会面对丛林中的突然袭击，因此需要一种近距离搏斗的备用武器。之后，战斧公司为美军量身打造了一款战术战斧。截至 2021 年，美国索格（SOG）特种刀具公司也生产该战斧。

在战场上，这些战术战斧得到了检验，十分有效。后来战斧公司在这些战术战斧的基础上，又推出了改进版。2003 年 8 月，美军开始为其陆军步兵部队装备新版战术战斧，用于挖掘、破口、清理障碍，以及众多的步兵作战相关作业。战斧公司将经典的设计和现代材料有机结合在一起，大大地提升了产品的性能。战术战斧的轻便和灵活，打破了以往斧具功能单一的缺陷，而优质的质量使得它们难以被损坏。

基本参数			
总长度：35.1厘米		刀刃长度：7厘米	
刃厚：0.6厘米		刃宽：2.4厘米	

战术战斧与其护套

战术战斧与霰弹枪

钉在树干上的战术战斧

美国索格 S37 匕首

索格 S37 匕首是由美国索格特种刀具公司设计生产的，是该类刀具中的佼佼者，用途十分广泛，一度是美国"海豹"突击队的标准配刀。

索格 S37 匕首的刀刃尾部有齿刃设计，方便切割绳索，刀身表面特别加上雾面防锈处理，不易反光，执行任务时有利于隐蔽。它的刀身设计着重于前端尖刺的部分，具备超强破坏力，同时也保留了锋利的刀刃。手柄部分合乎手指的力道设计，经过严谨的测试，不但拥有十足的防火功能，更可劈、砍、攻击、突刺，也可切割多种不同种类的绳索和线材。

基本参数	
总长	31.4厘米
刀刃长度	17.8厘米
重量	362.8克
材质	AUS6不锈钢

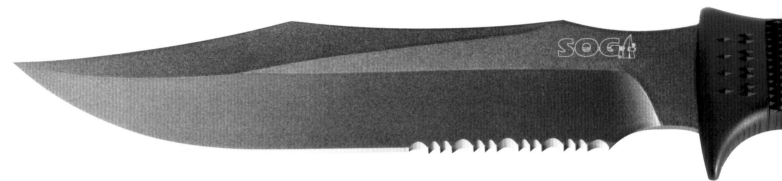

美国 M9 多用途刺刀

M9 多用途刺刀是由美国菲罗比斯（Phrobis）公司生产的（巴克、安大略等公司也有生产），可安装在 M4、M16 突击步枪上，用于近身搏斗。

M9 多用途刺刀的刀柄为圆柱形，材料为 ST801 尼龙，坚实耐磨；表面有网状花纹，握持手感好，而且绝缘。刺刀护手两侧有两个凹槽，拥有启瓶器功能；刀柄尾部开一小卡槽，以便与枪的定位结合。该刀的刀鞘也用 ST801 尼龙制作，其上装有磨刀石，末端还有螺丝刀刃口，可作改锥使用。刀身上有长孔套设计，与其刀鞘头的驻笋组合成钳子，可铰断铁丝网。

基本参数	
总长度	30.8厘米
刀刃长度	17.78厘米
刃厚	0.66厘米

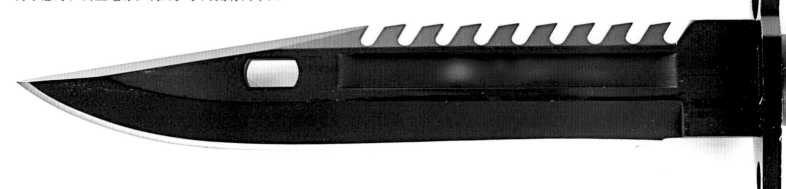

美国巴克 184 战术直刀

巴克 184 战术直刀是由美国巴克（Buck）公司设计的，于 1989 年开始生产，当时主要供美国"海豹"突击队使用。由于非常具有实用价值，后来陆续装备了数十个国家的特种部队。

巴克 184 战术直刀的手柄为中空式，可放入火柴、针等小应急用品，也可插入木棍，作为长矛使用。柄帽可沿螺纹拧上或打开，直径比手柄略大，内侧有凹槽，凹槽中套有橡胶环，以防止进水。此外，柄帽上还有一片 4.5 毫米厚的钢片，钢片的一侧突出并下翘，上面设有系绳孔。钢片可以 360 度旋转，当绳子系在系绳孔上时，再配合护手上的铆钉，可使整把刀拥有固定钩或锚的作用。

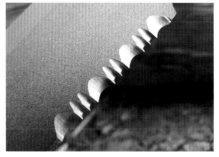
野外测试的索格 S37 匕首

索格 S37 匕首锯齿刃口特写（右上）

索格 S37 匕首（手柄）

巴克 184 军刀左面写实照

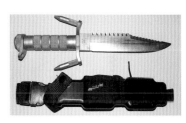
巴克 184 军刀与其刀套

基本参数	
总长度：	31.7厘米
刀刃长度：	19厘米
刃厚：	0.7厘米
刃宽：	3.8厘米

美军基地中的 M9 多用途刺刀

装在 M4 卡宾枪上的 M9 刺刀

M9 多用途刺刀

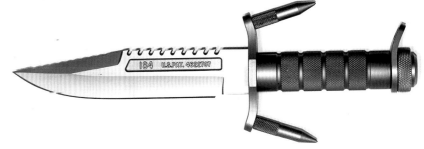
巴克 184 战术直刀

美国 TAC TANTO 战术直刀

TAC TANTO 战术直刀是由美国冷钢（Cold Steel）公司设计生产的，因质量轻巧，便于携带，被多国特种部队所采用。

TAC TANTO 是一款几何式全刃战术直刀，较为宽阔的强大刀片拥有出色的穿刺力，先进的热处理工艺和打磨出的剃刀般锋利度让该刀具拥有令人难以置信的强度和威力。刀身刃部采用全齿打磨方式处理，尤其适合重型切削任务。刀柄两侧贴附织纹状 G-10 材质，大大增加握持力。坚固的珠链吊带和坚固的 Secure-Ex 安全护套，既让刀具能紧紧地插入刀鞘，又能快速地抽出使用。

基本参数	
总长度：17.1厘米	刀刃长度：7.9厘米
刃厚：0.26厘米	刃宽：2.8厘米

CZ-75 手枪与 TAC TANTO 战术直刀

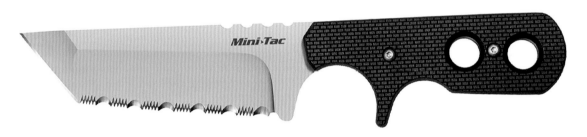

TAC TANTO 战术直刀与其刀鞘

美国安大略丛林开山刀

安大略丛林开山刀是由美国安大略（Ontario）公司设计生产的，一度是美国特种部队在丛林作战的主要装备之一。

美国特种部队在雨林气候、丛林灌木和植被茂盛的地区作战时，面对错综复杂的植物、藤草，手中的枪械武器无法帮他们打开畅通的道路。针对这一情况，安大略公司为其打造了一系列安大略丛林开山刀。通常，安大略丛林开山刀的刀身采用 1095 碳钢制成，并经过黑色氧化（磷酸锌）涂层处理，有极佳的硬度。该开山刀的重量比其他同类产品要轻，携带非常方便，当士兵必须在深山里开山开路、翻山越岭时，这款开山刀的无疑是最好的选择之一。

基本参数	
总长度：59厘米	刀刃长度：37.5厘米
刃厚：0.3厘米	刃宽：5.6厘米

安大略丛林开山刀集锦

安大略丛林开山刀与其刀套

美国 Super Karambit SF 爪刀

Super Karambit SF 爪刀是由美国爱默森（Emerson）公司设计生产的，是一种出色的单兵作战武器，主要用作近身搏斗，特别受到特战队员的追捧。

基本参数			
总长度：17.3厘米		刀刃长度：6.1厘米	
刃厚：0.31厘米		刃宽：3.07厘米	

Super Karambit SF 爪刀拥有符合人体工程学的手柄设计，特别适合正向、反向握持和使用。刀背末端拥有波形快开机制，在紧急或是受伤情况下，从口袋抽出刀子的同时，可开启刀刃。刀身采用石洗处理并印刻爱默森标志，平磨后刀身拥有出色的锋利度，针尖式刀头又可以提供足够的刺入力。刀柄内部拥有钛材内衬垫，保护使用时的稳定性，柄外贴附的织纹状黑色 G-10 贴片提供出色手感。刀柄尾末端设计有超大指孔，方便操作。

测试中的 Super Karambit SF 爪刀

Super Karambit SF 爪刀刃口特写

美国蝴蝶 375BK 警务战术直刀

375BK 警务战术直刀是由美国蝴蝶刀具公司设计并生产的，采用一体式全骨结构，是一款性能良好、携带方便的多功能战斗武器。

基本参数			
总长度：23厘米		刀刃长度：10.6厘米	
刃厚：0.43厘米		刃宽：3.3厘米	

375BK 警务战术直刀使用 D2 工具钢制作宽阔水滴头刀身，平磨手法赋予了刀具更强大的切削能力。为了应对更艰难的环境，这款直刀双侧开刃，刀背前端开锋和锋利的刀尖让刀具拥有出色的穿刺能力，而后半部的齿刃则可以用来执行重型切割任务。刀身采用黑色涂层处理，一侧印有蝴蝶标志。一体式的刀柄采用镂空设计，不仅有效地减轻了刀具重量，也可以使用配赠的伞绳进行绑缚成为伞绳柄直刀。

装在刀鞘里的 375BK 战术直刀

375BK 战术直刀与刀鞘

美国哥伦比亚河 Hissatsu 战术直刀

　　Hissatsu 是由美国哥伦比亚河刀具公司设计并生产的一款战术直刀，有着优越的削减能力和深入的穿透破坏力，是战场上备用辅助武器的首选之一，被世界各国军警广泛采用。

　　Hissatsu 战术直刀上翘式尖细狭长的刀身是由 440A 不锈钢锻造的，经过精细打磨后拥有出色的切削能力和穿刺性能。刀身表面使用沙色钛亚硝酸盐涂层处理，有效消除反光效果，更适合在沙漠戈壁地区使用。刀具柄部使用 Kraton 材质裹覆，并依照传统日本样式所制成，有着浓浓的日本武士道气息，并提供令人惊异程度的紧握感。手柄一侧拥有刀锋方向辨识凸点，即使在光线微弱环境也能顺利分辨。注塑成型的子托刀鞘拥有坚固、质轻和安全等诸多优势，配备可移动式背夹，方便使用者进行调整佩戴。

基本参数	
总长度：	30.3厘米
刀刃长度：	16厘米
刃厚：	0.55厘米
刃宽：	2.35厘米

Hissatsu 左侧方特写

Hissatsu 与刀鞘

美国夜魔 DOH111 隐藏型战术直刀

　　DOH111 是由美国夜魔刀具公司设计并生产的一款隐藏型战术直刀，被美国政府服务机构视为最佳刀具之一，被众多军队、警察所认可，推崇为最具杀伤力的战术刀具武器。

基本参数	
总长度：	25.2厘米
刀刃长度：	14厘米
刃厚：	0.6厘米
刃宽：	5.3厘米

DOH111 隐藏型战术直刀是根据全天候作战的需要而设计的，能在不同的恶劣环境中出色完成各项任务。它没有锁定设计，这是为了避免在恶劣环境中由于过于烦琐的功能，导致战术动作的失常从而带来不必要的危险。刀部长而且锐利，足以穿透战斗机外壳和单兵防弹系统。DOH111 充分运用了人机工程学，经过军方测试的手柄镶嵌了高科技石英防滑颗粒，适用于作战时的各种持握方式。

DOH111 侧方特写

装在刀套里的 DOH111

美国斯巴达"司夜女神"NYX 战术直刀

"司夜女神"NYX 是一款拥有战斗、实用和生存能力的刀具。是狙击手、突击队员、侦察员和任何士兵野外行动的常用武器之一。刀身采用 S35VN 高性能钢材锻造，厚重宽大的刀腹让刀具在执行劈砍任务时非常顺手。平磨刃部则提供出色的切削能力，可以帮助野外生存者轻松搭建宿营地，执行切割防护工作。

该刀的矛状刀头令刀身拥有出色的指向性和穿刺力，是进行防卫格斗的出色刀具。刀身表面采用黑色氮化锆涂层处理并印刻斯巴达标志及钢材标号，有效保护刀身并防锈。刀根的凹槽设计和刀背曲线让使用者能更随意畅快地精准操控，发挥意想不到的威力。

"司夜女神"NYX 及刀鞘

基本参数	
总长度：25.6厘米	刀刃长度：10.3厘米
刃厚：0.5厘米	刃宽：3.36厘米

黑色涂装的"司夜女神"NYX

美国十字军 TCFM02 战术直刀

TCFM02 是由美国十字军刀具公司设计并生产的一款战术直刀，因有着良好的切割能力、安全性、平衡性和可操作性而备受美国军方青睐。TCFM02 战术直刀刀身采用 S30V 高性能不锈钢锻造，刀具尺寸紧凑，便于携带使用；凹磨刃部赋予其出色的功能性；针尖式刀头提供出色的破入力，可形成足够的贯穿杀伤力；

刀身采用三重热处理，大大增强了刀身性能并让表面形成氧化纹路；一体式结构让刀身强度十足，足以应对最暴力的使用环境。

刀柄两侧使用符合军规标准的 G-10 材质贴附并使用螺丝进行固定，手柄表面利用手工雕刻技术刻纹，大大增加了把持感。独特手柄设计，更利于用户把握，

并使得刀具整体重量均衡，既不会影响刀部性能，又让使用者在长时间握持后也不会出现疲倦的情况。

基本参数			
总长度：21.8厘米		刀刃长度：10厘米	
刃厚：0.64厘米		刃宽：3.46厘米	

TCFM02 前侧方特写

TCFM02 后侧方特写

美国加勒森 MCR 战术直刀

MCR 战术直刀是由美国加勒森刀具公司设计并生产的，是一款极具杀伤力与破坏感的军用刀具。MCR 战术直刀由 154-CM 不锈钢锻造的锥状刀身拥有极可怕的破坏力，极长的刃部采用平磨工艺

处理，在进行切削或战术格斗时能对目标造成极长极深的创口。宽厚的刀身为尖端的破入提供可靠的保障，上翘式的针尖刀头拥有出色的格斗穿刺能力。

一体式结构让 MCR 战术直刀拥有出

色的强度，刀柄两侧贴附米卡塔材质并使用螺丝固定。厚实的刀柄贴片使得刀具极具把握感，符合人体工程学设计的手柄让用户正反手持握都非常方便顺手。

基本参数			
总长度：23厘米		刀刃长度：11.3厘米	
刃厚：0.44厘米		刃宽：4.16厘米	

美国巴斯 SYKCO 911 战术直刀

　　SYKCO 911 是由美国巴斯刀具公司生产的一款战术直刀，是该公司创办人丹·巴斯亲手设计的，被美国多支特种部队采用。

　　SYKCO 911 战术直刀刀身采用SR-101，钢硬度可达 HRC62，简单的平刃拥有出色的切削能力。刀具柄部采用 Resiprene C 材质，这种材质手柄拥有舒适、减振、防滑和耐潮湿的特点，无论是反握、正握、侧握都拥有一个安全的保持力，在寒冷环境下能有效隔绝温度。

基本参数	
总长度：36.5厘米	刀刃长度：20.7厘米
刃厚：0.66厘米	刃宽：4.17厘米

SYKCO 911 前侧方特写

SYKCO 911 与刀鞘

美国罗宾逊 Ex-Files 11 战术直刀

　　Ex-Files 11 战术直刀由美国罗宾逊刀具公司设计并生产，是特种部队备用刀具首选之一，绑缚杆棍后能作为矛使用。Ex-Files 11 战术直刀可以藏在钱包、手套箱、工具盒、枪袋和口袋等任何地方。

　　这种极好的隐藏性非常适合野外生存，被很多士兵使用在伊拉克、阿富汗等各处战场。

　　Ex-Files 11 战术直刀简单实用，一体全钢刀身使用碳钢锻造并整体切割出刀型，刀身一侧雕刻出凹凸式鳞状防滑纹路，一侧则为斜织纹理。手柄呈现匕首式对称外形，刀尾开有的两个系绳孔可以帮助使用者更好地随身携带。

基本参数
总长度：16.5厘米
刀刃长度：6.4厘米
刃厚：0.56厘米
刃宽：1.93厘米

美国卡美卢斯 CM18508 战术直刀

CM18508 战术直刀是由美国卡美卢斯刀具公司设计并生产的，在多个国家的军队和特种部队都能见其身影。

进入到 20 世纪，卡美卢斯的刀具产品逐渐丰富化和个性化。与此同时，卡美卢斯刀具公司也延伸到品牌特许生产，并与众多零售商合作开发产品。CM18508 战术直刀是卡美卢斯刀具公司的新型产品之一，主要被空军在执行紧急救援任务中所用，特别是在丛林里，粗犷的外表，磷化处理的黑色涂层，软塑柄，一体龙骨结构非常耐用。

基本参数	
总长度：	24厘米
刀刃长度：	9厘米
刃厚：	0.3厘米

CM18508 战术直刀前侧方特写

CM18508 与刀套

美国挺进者 MSC-SMF Mick 战术折刀

MSC-SMF Mick 是由美国挺进者刀具公司设计并生产的一款战术折刀，是一款合理耐用、容易保养的野外武器。一般来说，折叠刀具拥有方便携带、隐匿性好的特点，但是其强度将远远低于固定直刀。但挺进者战术折刀可以称为真正具有战术价值的折叠刀具，MSC-SMF Mick 战术折刀就是代表之一。

MSC-SMF Mick 战术折刀由 CPM S30V 钢锻造的刀身经过精心研磨后拥有出色的切削能力，而矛状刀身和针尖式刀头让产品拥有良好的穿刺力。

刀身表面采用 ST 极具代表性的虎斑纹战术涂层处理，起到消除炫光、更具战术意味和保护刀身的作用。刀身近背侧的开刀孔和双头拇指螺柱让使用者用拇指平稳的开刀，刀背上拥有波状纹的凹槽让使用者可以更精确地操作刀具。

MSC-SMF Mick 前侧方特写

MSC-SMF Mick 上方特写

基本参数	
总长度：	23厘米
刀刃长度：	7.8厘米
刃厚：	0.48厘米
刃宽：	3.4厘米

美国挺进者 BNSS 战术刀

BNSS 是由美国挺进者刀具公司设计生产的一款战术刀，粗犷的外形和带有美式强悍风格的几何刀头是给人的第一印象，可以视为一把格斗版的工具刀。由于主要是用于军事用途，所以 BNSS 并不注重舒适度。其标准刀柄为外加缠绳，缠绳的材料有多种。缠有纤维尼龙绳的刀柄即便浸了油也能握得很紧，而且缠绳还能在某些情况下派上重要用场。

BNSS 战术刀采用 S30V 钢材制造，这是一种高铬、高碳、高钼、低杂质的不锈钢，具有很高的硬度和韧性。在制作过程中，经过独特的淬火处理，其过程包括超高温热处理和零下温度淬火，以及增加韧性的特有回火流程。BNSS 战术刀进行过表面氧化处理，非常坚固耐用，不需要刻意保养。

基本参数			
总长度：30厘米		刀刃长度：17.8厘米	
刃厚：0.6厘米		重量：560克	

BNSS 战术刀与刀套

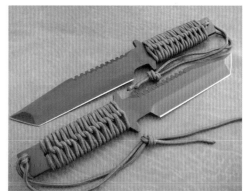

BNSS 战术刀刀面特写

美国零误差 Talon 辅助快开型平刃爪刀

Talon 是由美国零误差刀具公司设计并生产的一款辅助快开型平刃爪刀，是美国多支特种部队主要单兵作战武器之一。

Talon 辅助快开型平刃爪刀带有 Speed Safe 辅助快开系统，通过拨动刀鳍或是双侧推刀柱都能快速打开刀具。刀身采用 CPM S30V 钢锻造，这种高性能粉末钢材为刀具在耐磨损性和耐污性之间取得了

一个完美的平衡。手柄采用富有质感的黑色表面带织纹图案的 G-10 材质贴片，并采用机械加工出防滑凹槽。刀鳍在弹开时作为护手为使用者的手部安全提供保障。

Talon 后侧方特写

基本参数	
总长度：18.5厘米	刀刃长度：7.6厘米
刃厚：0.3厘米	刃宽：2.4厘米

Talon 前侧方特写

美国索格 S1T 战术直刀

索格 S1T 战术直刀是由美国索格（SOG）公司生产的战术直刀，是为了庆祝索格公司成立 20 周年所特别推出的产品。除了拥有索格公司一贯的直刀样式，还结合新材质、新制作技术进行了升级，成为新一代的产品。

索格 S1T 战术直刀的刀刃采用 AUS8

不锈钢，表层有氮化铝钛镀膜处理，抗锈蚀能力与硬度都大幅提升。握柄使用皮革绳缠绕，再以环氧化树脂加工处理，表面光滑而坚硬。柄尾部分同样为镀膜 AUS8 不锈钢，可用作铁锤等敲击工具。此外，刀鞘采用黑色牛皮制作。

基本参数	
总长度：27.8厘米	刀刃长度：16.2厘米
刃厚：0.58厘米	刃宽：3.1厘米

意大利狐狸 PARONG 战术格斗刀

　　PARONG 是由意大利狐狸刀具公司设计并生产的一款战术格斗刀，是一款非常适合肉搏战的高灵活度武器，相当适合用于自我防卫，被多支特种部队所采用。

　　PARONG 战术格斗刀刀型极其凶悍，水滴形刀刃造型独特，刀刃锋利坚固。手柄使用橄榄木，造型符合人体工程学设计，可完全贴合手掌不易滑脱。N690 是一种马氏体铬不锈钢，其成分为碳 1.07%，铬 17%，钴 1.5%，锰 0.4%，硅 0.4%，钼 1.1% 和钒 0.1%。拥有高铬含量（17%）的 N690 有相当好的防锈性能，而 1.5% 的钴则强化了此种钢材的硬度和韧性，其硬度、耐磨性等比 440C 不锈钢也要优秀。

基本参数			
总长度：22.5厘米		刀刃长度：9.1厘米	
刃厚：0.31厘米		刃宽：4.3厘米	

黑色刀柄的 PARONG 战术格斗刀

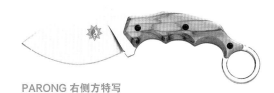

PARONG 右侧方特写

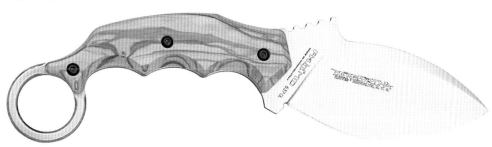

意大利钢狮 SR-1A GB 战术折刀

　　SR-1A GB 是由意大利钢狮刀具公司设计并生产的一款战术折刀，在 2010 年亚特兰大刀展上，获得了"最具创新性的进口设计"奖项。

　　钢狮刀具公司在 SR-1 的基础上推出了 SR-1A 系列作品，通过改变刃材和柄材来降低成本。该系列与 SR-1 拥有相同的独特 Roto Block 框架锁，这种结构可让刀具结构在绕轴旋转按钮和锁杆稳定装置间进行切换。锁杆稳定装置可让这把折刀从根本上转变为一把直刀，只需要轻轻拨动柄身旋钮便能进行切换。铝制框架外侧使用阳极氧化处理出不同颜色，防滑凹槽让使用者可以更好地把握产品，而尾部的深藏式可翻转的不锈钢刀夹为使用者提供了方便的携带方式。

基本参数			
总长度：21.3厘米		刀刃长度：8.7厘米	
刃厚：0.46厘米		刃宽：3.5厘米	

SR-1A GB 战术折刀及刀鞘

SR-1A GB 战术折刀侧方特写

苏联 / 俄罗斯 AKM 多用途刺刀

AKM 多用途刺刀是 AK-47 突击步枪刺刀的改进型，是世界多功能刺刀的鼻祖。该刀"刀 + 鞘 = 剪"的结构，深深影响了以后各国多用途刺刀的设计，著名的德国 KCB 刺刀和美国 M9 刺刀都是它派生的。

AKM 多用途刺刀的刀刃背面设计有锯齿和锉齿，在战场上可以提高士兵的破障能力。通过其护手上方的枪口定位环，握把中央内凸起和握把后卡笋可将刺刀与步枪连接，多点定位，非常结实。AKM 多用途刺刀不仅可装在枪上用于拼刺，也可取下作剪丝钳使用，还可锯割较硬的器物。与传统刺刀不同的是，AKM 多用途刺刀装上刺刀座时刀刃是向上的，拼刺时主要是挑，而不是刺。截至 2021 年，AKM 多用途刺刀已经发展了三代，即 AKM1、AKM2 和 AKM3，其中 AKM3 仍在服役。

基本参数	
总长度：27.3厘米	刀刃长度：15厘米
重量：438克	

安装了 AKM 多用途刺刀的 AK 系列突击步枪

AKM 多用途刺刀与其刀套

与刀鞘配合的 AKM 多用途刺刀

俄罗斯 NRS 侦察匕首

NRS 侦察匕首是俄罗斯特种部队使用一款武器。其主要特点是在刀中加入了射击装置，且能够割断直径达 10 毫米的钢线，此外，还可以当螺丝起子，或者用作其他目的。

NRS 侦察匕首的刀柄中有枪膛和短枪管，可以装入一发 7.62 × 42 毫米 SP-4 特制受限活塞子弹（俄罗斯 PSS 微声手枪使用的子弹）。枪口位于匕首刀柄的尾部。反过来握住刀柄，扣压刀柄中的扳机就能发射子弹。横挡护手上的一个缺口充当简化的瞄准装置。

NRS 侦察匕首套装

基本参数

总长：284毫米	
刀刃长度：162毫米	
刀身重：350克	
刀鞘重：270克	
枪口初速：约200米/秒	
有效射程：25米	

南非伯纳德匕首

伯纳德匕首是由南非刀具设计师伯纳德·阿尔诺设计的。不少国家的军队尤其是特种部队都非常喜爱这款小巧的匕首。

伯纳德匕首的设计兼具实用性和美观性。每一款刀身材质都选用来自奥地利的Bohler N690不锈钢。刀片采用精致的热处理和回火以确保绝对质量，再经过液氮处理后每一把刀片的硬度都能达到60HRC。刀具全部采用手工凹磨处理和抛光工序，并配备由南非水牛皮制成的定制刀鞘。除此之外，刀具最大的特色是采用多种特殊材料用于手柄制作，其中包括疣猪獠牙、长颈鹿骨、沙漠铁木、猛犸臼齿和渍纹枫木等。

伯纳德匕首右侧方特写

基本参数

总长度：12.5厘米	刀刃长度：5.6厘米
刀厚：0.3厘米	刃宽：1.95厘米

伯纳德匕首及刀套

德国 LL80 重力甩刀

LL80 是由德国老牌刀具厂艾克霍恩（Eickhorn）生产的重力甩刀，截至 2021 年仍是德国伞兵的制式装备。该刀设计精良，主刀靠重力原理甩出，以实现最快速度出刀，完全符合空降部队的使用要求。虽然 LL80 原本是为伞兵设计的，但也广泛使用于警察单位、特种部队、装甲兵及空军飞行机组员。

LL80 重力甩刀的刀刃固定紧密，手感沉稳。该刀最大的特色便是依据万有引力设计，也就是说，如果刀刃锁打开，刀鞘较重会下滑，刀刃便露出，呈现刃上鞘下的倒置状态。刀刃非常锋利，以便不幸吊挂到树枝等物体上的伞兵切断降落伞绳。如果刀刃尖端触及伞兵的军服，刀刃会自动缩入刀鞘，以防止伞兵伤到自己。

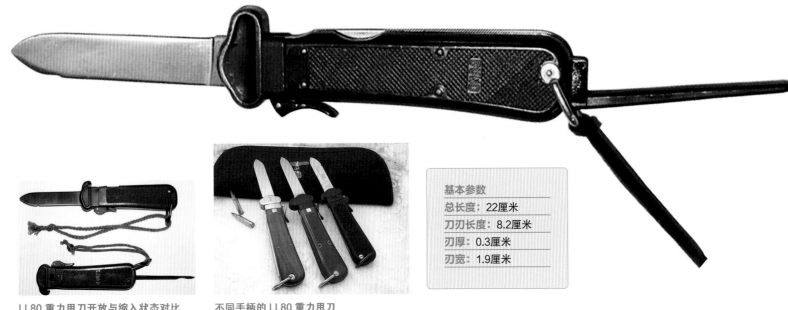

LL80 重力甩刀开放与缩入状态对比　　不同手柄的 LL80 重力甩刀

基本参数	
总长度：	22厘米
刀刃长度：	8.2厘米
刃厚：	0.3厘米
刃宽：	1.9厘米

德国 KCB77 多用途刺刀

KCB77 是德国 20 世纪 80 年代使用的一款多用途刺刀，除了具有切割和拼刺功能外，还有更广泛的使用范围，如在野外环境中当作榔头、警棍、地雷探针以及撬门和撬弹药箱的工具等使用。

基本参数	
总长度：	31厘米
刀刃长度：	19厘米
刃厚：	0.76厘米

KCB77多用途刺刀的刀身和刀鞘均进行了防霉处理。刀鞘上有铁丝剪刃口和螺丝刀口，以及快速脱扣，刃口和刀口有着蓝宝石色的磨削表面，并由塑料套防护。塑料套可防止刀鞘驻笋和螺丝刀口挂到植物或金属线上，以减少给士兵带来的意外伤害。刺刀的刀身上有锯齿，刺刀的横挡护手处有瓶盖起子，手柄有为防止灰尘进入弹性卡子中的防护套，同时手柄与电绝缘，绝缘电压达到了1000伏。

KCB77 多用途刺刀

KCB77 多用途刺刀与刀鞘的配合

安装在步枪上的 KCB77 多用途刺刀

西班牙 "丛林之王" 求生刀

"丛林之王"求生刀是由西班牙奥托（Aitor）公司设计生产的，外形酷似兰博战术直刀，有着卓越的性能和优良的品质，是各国军队、警队和特种部队首选刀具之一。

"丛林之王"求生刀是一种多功能、多用途求生组合刀，按尺寸大小和附件数量分Ⅰ、Ⅱ、Ⅲ三种型号。一般情况下，"丛林之王"求生刀的刀刃部分是由硬度为57HRC的440C高碳不锈钢制造而成，刀背有锯齿，可以锯断树枝和藤条。刀鞘除了装刀外，还装有多种野外生存用具，其中有指北针、发信号用的反光镜、钓鱼钩/线、铅笔和止血带等。刀鞘底部还有一个折叠叉环，连接橡胶带可作为弹弓。

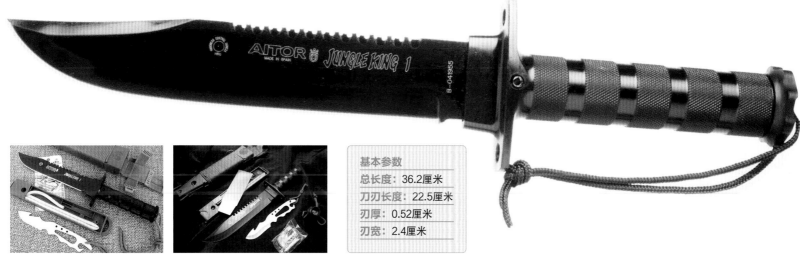

"丛林之王"求生刀与其配件

基本参数	
总长度：	36.2厘米
刀刃长度：	22.5厘米
刃厚：	0.52厘米
刃宽：	2.4厘米

第 **5** 章 全副武装——其他单兵装备

在危机四伏的战地中，随时都有可能飞来横祸，例如一颗小石子可能会击伤士兵的眼睛等。此外，知己知彼百战百胜，如何掌握战场上稍纵即逝的信息，直接左右着战局。那么如何避免这些危险，获取信息呢？这就涉及了单兵装备。它的定义非常广泛，只要是单兵能使用，且能起到保护或者其他用途的都称得上单兵装备。值得一提的是，针对特种作战，21世纪各国都在大力发展特殊武器，它在反恐战斗中，既能制服恐怖分子也能保全无辜人士的安危。下面将带您走近单兵装备以及特殊用途的非致命武器，领略不一样的战地激情。

5.1 通信 / 监视装备

美国 LITE 头戴式耳机

LITE 头戴式耳机是专为特种部队和警察 SWAT（Special Weapons And Tactics，特殊武器与战术）小组设计的。该耳机有两个麦克风，一个用于多数通信的高增益麦克风，另一个在有气体蔓延时用于优化通信的咽喉麦克风（面罩麦克风）。

需要进入爆炸环境时，该头戴式耳机可适应任何被动或者主动式护耳器，以便保护使用者的听力免受冲击。此外，LITE 头戴式耳机提供一个安装在胸部的按钮开关，需要使用无线电时，使用者所要做的就是使用手指、手背甚至是下臂等任何东西均可触碰开关的前部。

LITE 头戴式耳机

美国 Gencom Headset 通信器

通常，特种部队执行任务的环境非常嘈杂，甚至有可能队友在说什么都无法听清楚，这就必然会产生一些错误的信息。鉴于此，美国镜泰公司为特种部队设计生产了 Gencom Headset 通信器。

Gencom Headset 通信器能够在降低周围噪音的同时提高内部传来的有效信息。耳机是单边设计，这样既可以听到自身周围的声音信息，也可以清楚地接收远方队友或者总部传达的有效信息，并且还可以很方便地佩戴头盔之类的防护用具。

Gencom Headset 通信器

美国 LVIS V5 通信器

LVIS V5 通信器是一种用于车辆上的无线对讲机，其结构紧凑，携带方便，并且还能接收到各大军事、商业电台。

LVIS V5 通信器的配件包括麦克风、耳机、降噪器等，通常只需要一人便可以组装好。军用通信器一般都有保护装置，LVIS V5 通信器也不例外，虽然其每个部件都有较好的抗振动性，但不能排除有意外情况发生，所以在不需要手动操作时，一般都用防弹罩盖住。

LVIS V5 通信器

美国 LVIS Digital 通信器

在水面上航行或者作战，人员之间的沟通是十分重要的。美国镜泰（Gentex）公司根据客服需求设计了一款水上通信器——LVIS Digital 通信器。

这是一种模块化"数字"通信器，能够与舰艇上的数据接口相连，在人员与人员之间、舰艇与舰艇之间进行作战信息的传达。LVIS Digital 通信器不仅重量，而且有较好的防水性能，适用于各种天气环境。

LVIS Digital 通信器

美国 AN/PVS-14 夜视镜

AN/PVS-14 是一种可靠的高性能轻型单目夜视镜，具有较高的分辨率，可以提高士兵的机动性和目标识别能力。具体来说，这种夜视镜可用来提高士兵态势感知能力，以及在恶劣观察条件下的能见度。美国海军可利用夜视镜来确保舰船的安全，帮助武器进行精确射击、导航以及小型舰船的战术机动。

AN/PVS-14 夜视镜坚固耐用，可以手持、头戴，也可以安装在武器和摄像机上，是世界上最先进的已列装的单目夜视装置之一，被广泛地应用于美军各军种特种部队以及警方的特种战术小组。

AN/PVS-14 夜视镜

美国"里奥波特"双筒望远镜

"里奥波特"(Leupold)是美国军队使用的一款双筒望远镜，采用完全多层镀膜，可以有效增强观测物体的亮度和对比度。

"里奥波特"双筒望远镜的镜片能够有效消除强光的衍射，并能在多种不利的自然环境条件下，有效地提高观测目标的效果。其镜身非常坚固，完全防水防雾，可以适应各种不同的恶劣环境。

"里奥波特"双筒望远镜

美国 ACOG 瞄准镜

ACOG（Advanced Combat Optical Gunsight 的简称，即先进战斗光学瞄准镜）是美国吉康（Trijicon）公司研制的一种瞄准镜系统。ACOG 瞄准镜设计上是供 M16、M4 突击步枪使用，不过也能安装在一些其他武器上。

ACOG 瞄准镜

美国 KillFlash 防反光装置

传统的防反光法就是在镜片前套上一个圆筒形的遮阳筒，不过遮阳筒本身体积较庞大，很难想象一个狙击手背着一个天文望远镜般大小的低倍瞄准镜去战斗。在此背景下，美国 Tenebraex 公司研发了一种名为"KillFlash"（杀死闪光）的光学器材防反光罩。

KillFlash 其实也是采用传统的遮阳原理，但结构和材料却是新颖的。其结构是在一个短铝筒内装上一个用树脂材料加强的 Nomex 蜂巢形多孔圆板，看起来就像是一个蜂巢形多孔滤光板。当光线透过这些小孔射到镜面上时很难形成强烈的大面积反光，就如同在镜片前装上无数个微小的遮阳罩一样。其优点不言而喻，缺点是这种蜂巢形滤光板会减少镜片前的光通过率（大约会减少 15%）。

KillFlash 防反光装置　　安装了 KillFlash 防反光装置的瞄准镜

法国 MATIS MP 热成像仪

MATIS MP 热成像仪主要用于白天和夜间短或长距离的观察和瞄准，以双视场望远镜为基础，还包含带集成控制的具有人机工程学特征的双目镜显示，可以方便地作为整体从热成像仪上分离。

MATIS MP 热成像仪集成度高，用户界面好，由以下几个部分组成：采用 3～5 微米 VGA 红外探测器的双视场红外通道；双视场昼间通道；最新一代电子组件，可在恶劣环境下进行图像处理；磁罗盘和 GPS 接收机，用于提供目标的地理坐标并改善火力协同。

MATIS MP 热成像仪

苏联 / 俄罗斯 PSO-1 瞄准镜

PSO-1 是苏联于 20 世纪 60 年代设计的一款瞄准镜，当时大规模生产并使用于苏军的制式突击步枪或精准步枪等。截至 2021 年，PSO-1 瞄准镜由俄罗斯的新西伯利亚仪器制造工厂（NPZ Optics State Plant）制造，主要供 SVD 系列狙击步枪使用。

PSO-1 瞄准镜的设计特点是内部有非常好的分划，可令一名狙击手迅速确定距离，并且在归零过程中不需要转动手轮。其内部充满氮气，并且完全密封，以防止雾化等的情况导致光学装置的失效。此外，PSO-1 瞄准镜上还有弹着补助的设计，即以线性预估弹着点，增加"致命的一击"机会。

英国 "精英" 2000 XC 加密器

"精英" 2000 XC 是一种轻型的移动电话加密器，可方便装于摩托罗拉 Micro TAC 移动电话上，通话时提供强大的加密安全性。

"精英" 2000 XC 与"精英" 2000 系列中的其他成员——"精英" 2000 安全电话、"精英" 2000 XL 电话和传真加密器兼容。使用时不需要对电话进行修改，放在电话和电池之间即可，整体增加的厚度小于 25 毫米，增加的质量小于 113.4 克。

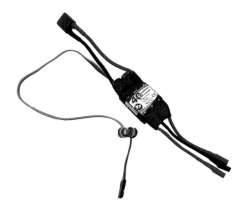

"精英" 2000 XC 加密器

PSO-1 瞄准镜

安装了 PSO-1 瞄准镜的 SVD 狙击步枪

苏联 / 俄罗斯 PE 型瞄准镜

PE 型瞄准镜是为狙击版莫辛 - 纳甘步枪打造的。它的镜目镜焦距 80 毫米，视场 5 度，分划为 1 ~ 14，每个分划 100 米，对应于 100 ~ 1400 米的瞄准距离。瞄准镜的放大倍率为 4 倍，物镜直径 30 毫米。

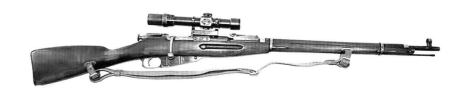

安装了 PE 型瞄准镜狙击版莫辛 - 纳甘步枪

比利时 HNV-3D 全息夜视镜

HNV-3D 全息夜视镜为立体视觉眼镜，由于装有全息光学元件，图像看上去立体感较强。

HNV-3D 全息夜视镜可安装在头罩或头盔上，能向佩戴者显示水平方向 40 度、垂直方向 30 度的夜间图像和宽 120 度、高 20 度的透视图像。此外，HNV-3D 还能显示来自 C4I（指挥、控制、通信、计算机与情报）系统的数据和图像。

HNV-3D 全息夜视护目镜

5.2 防护用具

美国 MICH 头盔

MICH 意为"模块化集成通信头盔"，是专门针对各军种特种部队的特殊需要而设计，能抵抗以 442 米 / 秒速度飞行的口径 9 毫米子弹。

MICH 头盔仅从前后两个面添加衬垫，而过去的头盔则有五个面。这是因为 MICH 里的衬垫是可调整的，能更加精确地适合不同的头形（类似记忆枕头）。头盔的迷彩盖面是两面用的，可在林地或沙漠中使用。

MICH 头盔

美国 DH-132 头盔

特种部队在水上作战时，难免会有水花溅起，导致头盔、通信系统之类的装备因浸水而失效。DH-132 头盔就是针对这种情况设计的，其上自带的通信设备都有防水功能，通常即便是被水浸湿也不会有影响，当然戴着它潜水就要另当别论了。

美国 DH-132 头盔

美国 ACH 头盔

ACH（Advanced Combat Helmet，意为先进战斗头盔）头盔是美国陆军士兵系统中心为陆军研发的新一代防护盔，设计源于 MICH 头盔。

ACH 头盔

头戴 ACH 头盔的美军士兵

美国 IBH 头盔

IBH（Integrated Ballistic Helmet，意为一体化防弹头盔）最初的设计目的是装备美国特种作战司令部下辖的各大特种部队，尤其是"海豹"突击队。它可以提供特种部队在战斗操作中所需要的轻量级弹道防护，如轻武器和炸弹碎片。盔内的衬垫可以根据自身需要调节薄厚程度。

IBH 头盔

头戴 IBH 头盔的美军士兵

美国 SOHAH 头盔

SOHAH 头盔是一种特种作战战术性头盔，主要适用于搜索、救援等特殊任务，它能够有效降低外界噪音，使佩戴者能有一个安静的环境去分析战场局势。与其配套的是护目镜、耳机和其他通信及防护用具。头盔前设计的护目镜可以大幅度减少激光或者有害射线对眼部的伤害。

SOHAH 头盔

英国贝雷帽

贝雷帽是一种无檐软质制式军帽，通常作为一些国家军队的别动队、特种部队和空降部队的人员标志。它具有便于折叠、不怕挤压、容易携带、美观等优点，还便于外套钢盔。对贝雷帽的戴法有明确的要求，且只有在穿常服、作训服和工作服时才能戴。

贝雷帽

美国奔尼帽

奔尼帽是英语"圆边帽"（boonie hat）的音译，它是美国"海豹"突击队的标识性装备。相比战斗帽，奔尼帽有佩戴方便的优势，而且宽大的圆边在雨林中有阻挡虫子落入衣领和挡雨的作用，在沙漠中又可以用于遮阳，在不用时还可以将圆边卷起轻松携带。

奔尼帽

美国 EPS-21 护目镜

EPS-21 护目镜可防止阳光、风、尘、弹片和激光辐射的伤害。它由护目镜框架系带、透明的防弹透镜、大量的易于安装的外装透镜、可选的校正镜片和一个尼龙携带盒等组成。尼龙携带盒用于将护目镜和附件透镜装在个人承载装备中，它们与各种军用和警用头盔以及瞄准器兼容。

EPS-21 护目镜

美国 TP-1E/TP-2E 防弹衣

TP-1E 防弹衣防护范围非常大，下至尾骨。该防弹衣背部的防护板插入袋为折叠式，这样可以在伸臂、爬行或者是肩扛武器射击时让肩胛可以充分运动。它被特种部队在潜水、跳伞、绳降和攀岩等多种情况下所验证，其性能毋庸置疑。

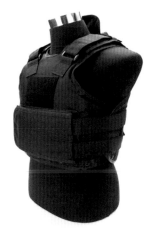

TP-1E/TP-2E 防弹衣

美国 AOR 迷彩作战服

AOR（Area of Responsibility）作战服是美国 CP（Crye Precision）公司为美国海军特种部队设计并生产的试验型全地形迷彩作战服，主要分为 AOR-1 和 AOR-2 两种型号，前者为土黄色迷彩色块，主要在沙漠地形使用；后者为土黄色 / 绿色迷彩色块，主要在丛林地形使用。

AOR 迷彩作战服

美国 LBT 1195 战术背心

LBT 1195 战术背心是由伦敦桥商贸公司（London Bridge Trading Company）设计生产的，有 LBT 1195、LBT 1961、LBT 0292、LBT 2595 和 LBT 6094 等多种型号。其中，LBT 1195 依靠其强力的浮力支撑、超强的携载能力、合理的重力分布、稳定的重心结构，在 20 世纪 80 年代到 21 世纪初很长一段时间内，深受"海豹"突击队的欢迎。

LBT 1195 战术背心

美国 Oakley Pilot 战术手套

Oakley Pilot（领航者）是由美国奥克利（Oakley）公司设计和生产的战术手套，它的掌心部分为经过透气处理的山羊皮，背面则是绵羊皮。经过透气处理的山羊皮防滑性能很好，指尖的橡胶颗粒也是为了防滑设计的，握持枪械时手感极佳。手背部分的关节适形护板为碳纤维材料，不仅能保护指关节，更能在格斗中增加拳头的攻击力。

Oakley Pilot 战术手套

美国 WEAR 战术手套

WEAR 战术手套是美国超级技师（Mechanix Wear）公司专门为"海豹"突击队设计的，主要原料为经过特殊处理的毛皮和特种尼龙，这些材料防水、耐磨、防刮，保暖性佳。手套符合人体工程学的设计，穿着舒适，不会影响射击时的手感。

WEAR 战术手套

美国 HRT 战斗靴

HRT 战斗靴是美国 5.11 公司根据美国特种部队的建议所研发的。它的足跟部装有撞击缓冲系统，加上四层特殊弹性鞋垫，能吸收使用者从高处跳下时的大部分振动能量，有效减缓冲击力。靴底的双模压胶工艺保证鞋底具有防滑、防油的高度稳定性，也提供了良好的支撑力和穿着的舒适性。靴头的防水耐磨橡胶一直延续到足弓部位，有效保护了最易磨损的靴头，重点部位三层强化式车缝，使得靴子整体更加牢固。

HRT 战斗靴

美国 Merrell Sawtooth 军用鞋

Merrell Sawtooth 军用鞋是由美国麦乐（Merrell）公司设计和生产的。它的 20 厘米靴帮能带来良好的脚踝保护性，又不失灵活。鞋底有着良好的抓地力及耐磨性。气垫结构有着极佳的缓震功能，透气性和保暖性都相当不错。最主要的是它非常轻巧，这对于长途跋涉的士兵来说非常重要。

Merrell Sawtooth 户外鞋

英国 BCB 极地手套

BCB 极地手套使用戈尔特斯（Gore Tex）材料制作，掌面使用双层皮革，使其保暖效果极佳。在没有戈尔特斯材料之前，纺织界对兼顾防水及透气性要求并无理想的解决方法，现有材料只能满足一个特性不能兼顾。高尔泰克斯材料的出现改变了这一切，虽然它本身并不保温，但由于空气分子难以穿透它，故表现出极佳的保暖性能。

BCB 极地手套

英国 BCB 战术手套

方便于抓握武器，BCB 战术手套的衬里采用防水 MVP 碳纤维。值得一提的是，MVP 碳纤维因其轻质高强的性能，在基建、汽车、新能源和航空航天等诸多领域拥有广泛应用潜力。但居高不下的生产成本如今成为其发展的掣肘，寻找到降低成本的方法将为碳纤维大规模使用打通道路。

BCB 战术手套

英国艾科提斯作战背心

艾科提斯作战背心是由英国艾科提斯（Arktis）公司设计生产的。该背心可携带 12 个弹匣以及两个多用途袋。此外，还有用于呼吸器附件的 D 型环，用于携带指南针、火焰信号发射器和刀具的小袋等。

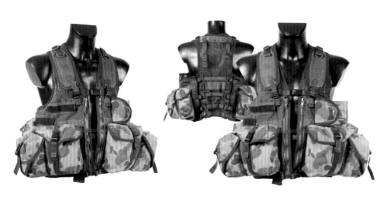

艾科提斯作战背心

英国 SBA 标准身体防护装甲

SBA 标准身体防护装甲可以使用多种外部覆盖材料和伪装团，并且可以选择添加陶瓷、复合材料等防护板，使其可以在多种战斗环境中使用。其主要用户为维和组织和英国特种部队。

SBA 标准身体防护装甲

法国葆旎护目镜

葆旎（Bolle）护目镜是特种部队所使用的一种装备，采用聚合物框架，具有柔性且便于安装镜片的特性。镜片上设计有沟槽，可方便快捷地与框架配合起来。该护目镜覆盖面部的泡沫橡胶厚3毫米，接触面为防潮设计；顶部泡沫橡胶厚3毫米,可防尘和防潮。

葆旎护目镜

瑞典 M1009 沙漠手套

M1009手套由瑞典格兰奎斯特（Granqvists）公司生产，主要为沙漠战斗的武装部队使用。它的手掌部为小羊皮，可以有效防滑和防沙。该手套兼顾保暖性和透气性，极适合沙漠的气候条件，可以让士兵更加舒适地佩戴。

M1009 沙漠手套

比利时 P305 防弹背心

P305防弹背心主要用于防护霰弹枪、卡宾枪和自动步枪等枪弹对人体的伤害，能抵挡枪弹射击引起的穿透性和剪切性，且穿着舒适灵活，便于拆卸清洗。

P305 防弹背心

法国"马钶"特种部队战斗服

"马钶"（Marck）特种部队战斗服带有胸袋和腿袋，袖口和裤脚可随意调整松紧度。此外，这套服装从颈部到踝部有两个垂直的拉链，方便于穿戴或脱下。

"马钶"特种部队战斗服

苏联 SN-42 防弹衣

二战时期，苏联组建了20多个突击工兵旅，而SN-42防弹衣是这个精锐兵种的标志之一。突击工兵的主要任务是火线排雷、爆破及清障，也参与攻击坚固防御阵地，SN-42防弹衣则是工兵执行此类任务的最有效防御。有明确记录指出，SN-42防弹衣可以在10米左右距离上挡住德国"鲁格"P08手枪的射击。

SN-42 防弹衣

身穿 SN-42 防弹衣的突击工兵旅

5.3 降落伞 / 空降绳

英国 "穿叉" 低空降落伞

"穿叉"低空降落伞采用模块化设计，有效载荷 226.8 ~ 1000 千克，可以根据作战性质的不同来选择不同的载荷。这种新设计有几大优点：第一，可以延长降落伞的使用寿命；第二，减少使用后回收时间；第三，减少制造和维护成本。

"穿叉" 低空降落伞

英国 MCADS 降落伞

MCADS 降落伞一般用作空投诸如气垫船之类的大型交通用具，以及其他一些海上作战的特殊装备。该降落伞刚面世时并不受欢迎，但随着海上反恐战斗日益剧烈，包括美国、澳大利亚等国家的特种部队开始对它有好感。

MCADS 降落伞

美国 "入侵者" 降落伞

"入侵者"（Intruder）降落伞采用了最新的技术，提高了特种部队空降时的安全，扩大了作战应用范畴（几乎适用于任何军事空降）。"入侵者"几乎没有失速点，有着出色的滑行性能，在夜晚或者崎岖的山区都能够有效地帮助特种部队到达指定区域。

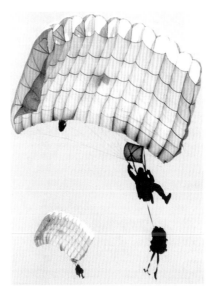

"入侵者" 降落伞

美国 MK2 空降绳

MK2 空降绳主要用于特种部队的"快速部署"，有效工作载荷为 584 千克，采用高强度纱纺短纤材料，一头被固定在壳螺栓上。与上述 MRI GQ891 空降绳不同的是，特种部队不需要自我使用 MK2 向下滑，而是由武装直升机上的固定壳螺栓一点一点地"放长"空降绳。

MK2 空降绳

英国"萤火虫"降落伞

"萤火虫"（Firefly）降落伞是目前较新型的降落伞，其特点是可以对目标区域进行"精准"空投。在该降落伞上安装有导航、实时分析系统，可以对环境、气候等多个方面进行分析，确保空投的"精准度"。这种设计的优点在于可以提高空勤人员、地面接收人员的安全，减少接地物流。

"萤火虫"降落伞

英国 MRI GQ891 空降绳

MRI GQ891 空降绳主要用于城市反恐垂直空降，与其配套的还有绳降手套、绳降锁扣以及全身式安全带等辅助用具。该空降绳大部分使用尼龙材料，加入了一些其他高强度、韧性材料制作，以提高安全系数。

特种部队使用 MRI GQ891 空降绳进行落地

5.4 特殊武器

美国"闪耀"来复枪

"闪耀"来复枪外形十分酷炫，可通过发射激光使对方暂时失明。在被激光暂时性致盲后，人体不会遭受到任何永久性的损伤，有着非常优秀的表现，可以说它是 21 世纪以来最为先进的非致命武器之一。2009 年开始，美国为其军队、警队和特种部队装备该武器。

美军士兵使用"闪耀"来复枪

以色列"墙角枪"

　　"墙角枪"是一种应用于巷战的特种武器，使用者可利用彩色视频监控器，通过瞄准摄像头，在墙后观测前方敌情。它由以色列墙角射击公司（Corner Shot Holdings）设计。"墙角枪"由两个部分组成，前半部分包括一把手枪和一个彩色摄像头，后半部分包括枪托、扳机和监视器。"墙角枪"设计合理、操作简单，一般射手稍加训练便能掌握拐弯射击要领，熟练射手1秒内就能连续完成拐弯、瞄准、射击动作，并命中10米处目标。

"墙角枪"

使用"墙角枪"的特种部队

美国发光二极体制伏器

　　发光二极体制伏器外形虽然酷似一把手电筒，其实它是一种利用强光制伏敌人的武器。遇到这种强光的入侵者，如果没有遮住眼睛或者及时转身，那么他们不仅仅会遭遇暂时失明，也会出现眩晕、恶心等症状，因此有人戏称其为"呕吐光"。

发光二极体制伏器

美国"泰瑟"手枪

　　"泰瑟"手枪是由美国泰瑟（Taser）公司设计生产的，理论上来说就是一个电棍，利用电流作攻击动能。但和传统电棍不同的是，"泰瑟"手枪在发射后会有两支针头连导线直接击进对方体内，继而利用电流击倒对方。该枪装有一个充满氮气的气压弹夹，扣动扳机后，弹夹中的高压氮气迅速释放，将枪膛中的两个电极发射出来，两个电极就像两个小飞镖，它们前面有倒钩，后面连着细绝缘铜线，命中目标后，倒钩可以钩住犯罪嫌疑人的衣服，枪膛中的电池则通过绝缘铜线释放出高压，令被攻击者浑身肌肉痉挛，失去行动能力。

"泰瑟"手枪

捷克 SF1 "海妖" 网球枪

　　SF1"海妖"（Kraken）网球枪主要是捷克警察部队在维护秩序时使用，主要用于单兵防御，可根据需要进行有效可靠的制止，而不会造成人员伤亡。该武器的特点是近距离目标低速发射，可发射网球大小弹药（发射距离30米）。

SF1"海妖"网球枪

参考文献

[1] 军情视点.经典单兵武器鉴赏指南.金装典藏版.北京：化学工业出版社，2017.

[2] 军情视点.经典枪械鉴赏指南.金装典藏版.北京：化学工业出版社，2017.

[3] 军情视点.二战兵器图鉴系列——苏维埃之拳：二战苏军单兵武器装备.北京：化学工业出版社，2015.

[4] 军情视点.二战兵器图鉴系列——白头鹰之爪：二战美军单兵武器装备.北京：化学工业出版社，2015.

[5] 军情视点.二战兵器图鉴系列——单兵利刃：二战德军单兵武器装备.北京：化学工业出版社，2015.

[6] 军情视点.袖里藏针：全球手枪100.北京：化学工业出版社，2015.

[7] 军情视点.终极火力：全球突击步枪80.北京：化学工业出版社，2015.

[8] 军情视点.金属风暴：全球机枪80.北京：化学工业出版社，2015.

[9] 军情视点.致命准星：全球狙击步枪100.北京：化学工业出版社，2015.

[10] 崔钟雷.视觉大发现·火力之王——机枪.长春：吉林美术出版社，2012.

[11] 福特.世界名枪：机枪.北京：国际文化出版公司，2003.

[12] 莱茵.机枪史话（图文珍藏版）.上海：东方出版社，2011.

[13] 索斯比·泰勒扬.简氏特种作战装备鉴赏指南.北京：人民邮电出版社，2009.

[14] 瑞安.世界特种部队训练技能和装备.北京：中国市场出版社，2011.

[15] 宋立志.特种部队武器装备揭秘.北京：中央编译出版社，2007.

[16] 秋林.重机枪2.北京：北京理工大学出版社，2011.